深层断溶体油藏建模数模一体化技术

康志江　李红凯　张冬丽　著

中国石化出版社

图书在版编目（CIP）数据

深层断溶体油藏建模数模一体化技术／康志江，李
红凯，张冬丽著. — 北京：中国石化出版社，2022.4
ISBN 978-7-5114-6612-9

Ⅰ.①深… Ⅱ.①康… ②李… ③张… Ⅲ.①石油天
然气地质-建立模型-研究②油藏数值模拟-研究 Ⅳ.
①P618.130.2②TE319

中国版本图书馆 CIP 数据核字（2022）第 039769 号

中国石化出版社出版发行

地址:北京市东城区安定门外大街 58 号
邮编:100011　电话:(010)57512500
发行部电话:(010)57512575
http://www.sinopec-press.com
E-mail:press@sinopec.com
北京柏力行彩印有限公司印刷
全国各地新华书店经销
*
787×1092 毫米 16 开本 9.75 印张 234 千字
2022 年 6 月第 1 版　2022 年 6 月第 1 次印刷
定价:78.00 元

断溶体油藏作为一类特殊的新圈闭类型，是塔北奥陶系重要的圈闭类型，也是最有利的勘探开发目标。经过多期构造和岩溶作用，断溶体油藏沿断裂发育的以大型洞穴为主的储集空间，形成了较明显的穿层性、不规则性以及不连续性的特点，内部非均质性极强，储层的空间展布十分复杂。断溶体油藏的开发技术现尚未形成，这是油气勘探开发的新领域、新目标。

本书是对深层断溶体油藏建模数模一体化技术的系统论述。全书由6章构成：第1章从深层断溶体构造解释及构造类型和成因演化入手，深入分析断裂的平面和剖面组合特征，明确了断裂构造的空间分布规律；第2章从断溶体发育模式、构造样式、地震响应特征、内部结构及连通性等断溶体油藏描述要素入手，论述断溶体油藏空间分布特征，形成了断溶体油藏"五定"描述方法；第3章基于断溶体油藏描述成果，首先介绍了"分层次约束，逐级建模"的方法，分别建立了断裂系统、轮廓、内部结构、属性模型，并建立了典型单元地质建模论述建模方法；第4章基于断溶体油藏储集体发育特征，选取数值模型，并根据大尺度断裂对流动起重要作用的特征，在数值模拟中考虑断裂的沟通作用，另外断溶体油藏断控有效连通体的体积是影响生产井产量及压力变化的关键，数值模拟需通过调整有效连通体积确定生产井的物质基础，最后通过典型单元历史拟合说明断溶体油藏数值模拟技术；第5章通过断溶体油藏生产动态数据并结合断溶体油藏储集体发育规律，分析生产动态规律，结合建模数模技术手段，设计油藏开发方案；第6章通过建模数模一体化发展的综合调研，提出建模数模一体化技术的发展趋势。

本书由康志江、张冬丽主持编写，各章的主要编写人员分别如下：第1章由康志江、黄孝特、宋美虹合作完成，第2章由康志江、卜翠萍、彭守涛、魏荷花合作完成，第3章由康志江、邬兴成、李红凯合作完成，第4章由张冬丽、康志江、袁诺、马翠玉合作完成，第5章由张冬丽、程倩、袁诺、顾浩合作完成，第6章由康志江、李红凯合作完成。

本书在编写过程中得到了中国石化石油勘探开发研究院和中国石化西北油田分公司领导的大力支持，在此表示衷心的感谢！

由于作者水平有限，书中难免出现不妥之处，敬请读者批评指正。

目录

1 深层断溶体断裂带结构描述 ···································· （001）

1.1 构造精细解释 ··· （001）

1.2 断裂构造类型及演化成因分析 ····················· （007）

1.3 断裂构造特征分析 ······································· （020）

2 断溶体油藏精细描述 ··· （036）

2.1 野外露头+地震定模式 ································· （036）

2.2 走滑断裂精细解释定样式 ···························· （040）

2.3 地震响应定形态 ··· （042）

2.4 钻录测井+反演+蚂蚁体定内部结构 ············ （042）

2.5 动、静结合定连通性 ·································· （043）

3 断溶体油藏地质建模技术 ··································· （045）

3.1 断溶体油藏地质建模方法 ···························· （045）

3.2 典型单元地质建模 ······································· （047）

4 断溶体油藏数值模拟技术 ··································· （073）

4.1 断溶体油藏数值模拟方法 ···························· （073）

4.2 典型单元数值模拟 ······································· （076）

5 生产动态规律及开发方案设计 ······················· （109）

　5.1　生产动态规律 ······························· （109）

　5.2　开发方案设计 ······························· （136）

6 建模数模一体化技术发展趋势 ······················· （144）

参考文献 ······························· （148）

1 深层断溶体断裂带结构描述

多年的油气勘探开发经验表明，深层断溶体油藏油气分布与盆地内部发育走滑断裂有明显的关系。沿走滑断裂带具有分段差异性，且走滑段、张扭段和压扭段的钻井产量差异大。为了揭示油气产量与断裂发育的关系，需从地震构造精细解释入手，解释测线为 2（线）×2（道），重点段测线为 1（线）×1（道），优化小断点组合关系，分析断裂性质，从横向、纵向和空间上描述断裂带特征，分析断裂构造成因演化特征，为研究油气分布规律提供可靠依据。

1.1 构造精细解释

1.1.1 构造解释方法

构造解释的核心就是利用地震勘探提供的时间剖面和钻井地质资料，以盆地构造样式和盆地充填模式为指导，首先通过垂直断层走向的地震主测线或任意线浏览、分析和归纳研究区主要构造格局与构造样式，并结合相干技术、可视化技术、时间切片等手段，建立起符合地下实际地质特点的构造地质模型；其次在构造模式的指导下，建立并完成工区骨干网的解释，确保解释方案合理，并建立该区构造的宏观印象和构造样式。

在解释过程中，需严格遵循波组对比原则，时时检查测线网的闭合情况；对于重点地区的复杂剖面段（如断层、坡折、挠曲、尖灭、不整合、岩性变化等），需要进一步的精细解释，因为复杂剖面出现地带往往正是油气聚集的有利地区。复杂剖面的对比解释充分发挥了解释工作站多种显示功能的作用，可对层位、断层、礁滩及火成岩等特殊地质体做出合理的解释。

此外，解释中尽量识别出由于地质条件复杂或处理参数选择不当造成的各种假象，如与速度有关的假象、处理或表层变化引起的假象等，摈弃陷阱，去伪存真，通过解释工作，客观揭示出地下地质构造的真实面貌，为后期的勘探部署和钻探工作提供合理的构造图件。

1.1.2 层位解释

在层位解释过程中，首先在层位识别上充分利用钻井资料，制作合成地震记录，建立层位与地震剖面上的相位对应关系。建立连井剖面并以相位稳定、反射连续的剖面作为骨干剖面；再从骨干剖面出发，利用地震剖面闭合原理，对剖面进行逐条解释并用联络测线闭合，结合连井剖面验证；同时结合盆地沉积构造演化特征及不整合面发育情况，对层位界面进行综合分析和厘定，从而保证各个层位界面的准确性。

层位标定是开展层位解释的前提，在层序地层学和沉积学研究中，一方面需要把钻井资料中划分出的高分辨率层序界面或砂体标定到地震资料上，另一方面也需要把地震剖面所识别出的一些关键界面（如不整合面、最大洪泛面）标定到钻井资料上，以实现井-震资料的相互验证和对比，从而能够展开从钻井到地震相结合的点、线、面一体化式的研究。

本区解释层位共计 11 个，即 T_2^2、T_4^6、T_5^0、T_6^0、T_7^0、T_7^4、T_7^6、T_7^8、T_8^0、T_8^1、T_9^0。在此基础上进行层位解释与断层断点的断开工作，层位解释密度目前达到了 Line 4×Trace 4（图 1-1），并对断裂带进行了平面断开，结合断裂解释方案在平面上对层位和断层的断点、断层形态等进行了精细刻画。

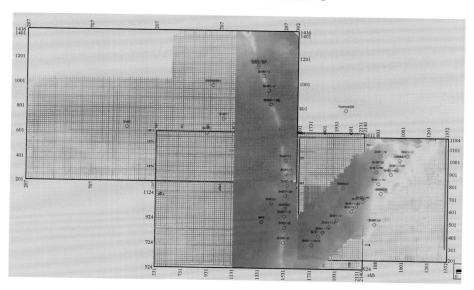

图 1-1　顺北工区层位加密解释平面特征图断层解释

1.1.3　断裂解释

1）断裂特征宏观分析

层位追踪时充分利用精细构造解释系列技术，包括：①常规解释技术，如主干剖面法、波组特征法、断层滑动对比法、变比例显示法及变面积显示法等；②快速地震解释技术，如自动追踪等。在上述层位识别与标定的基础上，首先通过连井剖面、骨干剖面进行层位解释与闭合，进而对全区开展层位解释与闭合，实现了研究区共计 11 个层位的精细解释与闭合(图 1-2)。

在对本区断裂精细解释与闭合前，运用之前解释的重点界面(T_7^0、T_7^4、T_7^6、T_7^8、T_8^0、T_9^0)为约束，利用相干体和蚂蚁体分析技术，提取不同界面的相关切片图(图 1-3、图 1-4)，结合剖面断裂特征，分析不同界面和不同深度的断裂宏观分布特征。由各断裂带的相干体切片和蚂蚁体切片可见，各反射层宏观断裂平面展布特征比较清晰，断裂平面展布表现出明显的垂向分层特征，主要表现为不同构造变形层的断裂展布特征差异明显，总体表现为 T_7^0 地震反射界面断裂分布较杂乱，剖面揭示出该界面的断裂性质包括正断层、逆断层、走滑断层等，表明该界面断裂构造是在多期不同构造体制下形成，现今断裂构造格局是多期不同性质断裂复合、叠加和改造作用的结果。T_8^1-T_7^4 地震反射界面断裂线型展布特征明显，TP12CX 断裂带 T_7^0 地震反射界面断裂分布基本继承了先期断裂发育特征，而顺北地区 T、T_4^6-T_2^2 地震反射界面塔河地区雁列特征明显，而顺北地区 T_7^0 地震反射界面则呈现出明显的雁列特征。

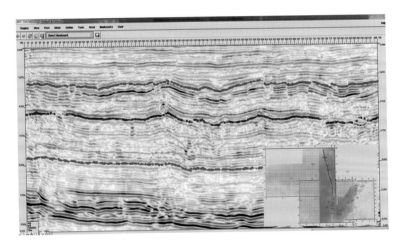

图 1-2　顺北工区层位加密解释剖面闭合特征图

图 1-3　塔河 TP12CX 断裂带沿层相干切片图

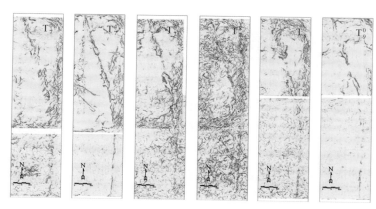

图 1-4　顺北 5 号断裂带沿层蚂蚁体切片图

2）断裂构造精细解释

断层是一种普遍存在的地质现象，对于油气的运移和聚集起重要的控制作用，因此，对断层的解释是地震解释中的重要内容，也是本书中断裂构造研究的核心工作。通常情况下，断层在地震剖面上的一般标志主要有：①反射波发生错断；②反射波同相轴数目突然增加、减少或消失；③反射同相轴形状突变、反射零乱并出现空白反射；④反射波同相轴发生分叉、合并、扭曲和强相位转换等（一般是小断层的反映）。同时，断点的解释应该符合研究区的地质规律。一般来说：在区域拉张应力条件下不可能出现逆断层；在挤压应力条件下，以逆冲或逆断层为主，但也发育有正断层；在剪切应力作用下，既可能出现逆断层，又可能出现正断层和平移断层；在叠加、复合及改造型盆地，断裂构造特征及类型则复杂多样。

研究区以发育走滑断裂为主，由于其断距和水平位移都非常小，地震剖面上反映并不明显（图 1-5），除少数主干走滑断裂具有反射波发生错断或反射同相轴形状突变等明显特征外，多数中小型走滑断裂主要表现为反射波同相轴发生分叉、合并、扭曲和强相位转换等特征。

本次断裂识别及解释主要遵循以下原则：

（1）以时间剖面上规模明显的断层反射特征为解释出发点，落实工区内较大的断裂及其平剖面组合特征，如 TP12CX 断裂带等。

（2）结合区域构造活动史，落实工区内大型断层的规模、断穿层位、反转或继承性活动特征等，明确研究区内主干走滑断裂的多期差异活动特征。

（3）以多种解释技术进行区内小断层或隐蔽性断层的精细解释。如运用大比例显示方式，并结合上下地层的同相轴错断或变形特征，对小断裂进行精细识别与解释。

（4）在平面上，充分利用地震属性、相干及蚂蚁追踪等分析成果指导和验证断裂系统解释的合理性（图 1-6）。

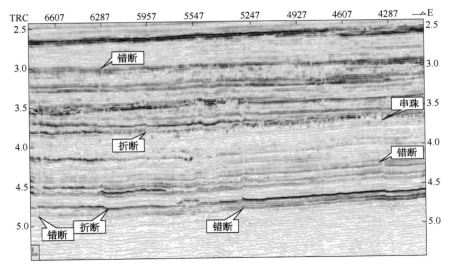

图 1-5　托甫台北工区典型地震解释原始剖面图（CDP3830 测线）

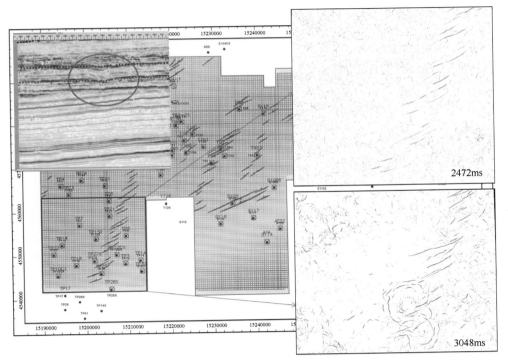

图 1-6　研究区断裂构造平面组合与蚂蚁追踪结果对比图

在对研究区断裂构造的组合中，主要遵循以下断裂解释原则：

（1）先主后次：断点组合应先组合断裂特征明显、断层规模较大的区域大断层或者主干断层。区域大断层一般平行于区域构造走向，断层两侧波组有明显差异，对本区构造格局具有明显的控制作用。相干分析等可揭示出研究区的主干走滑断裂，进而通过剖面解释和平面组合，可明确主干断裂的平面特征。

（2）先简单后复杂：断点组合先从 T_9^0、T_8^1 等反射特征比较清晰的层位入手，通过特征清晰的层位所反映出的构造特征，可逐步加深对研究区构造特征及其演化的认识，并指导其他层位的构造解释。

（3）同一断层在平行的时间剖面上性质相同：断层面、断盘产状相似，断开的地层层位一致，或有规律地变化；靠近所确定的断点位置的相邻剖面断距相近，或沿断层走向有规律地增加或减少（图1-7）。

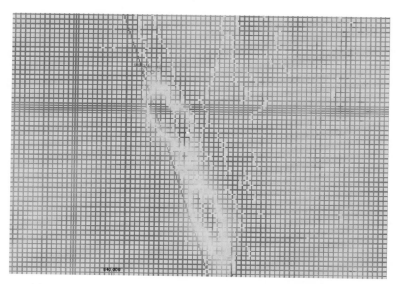

图1-7 顺8北工区5号断裂带北段压扭区断裂平面解释结果图

（4）断层两侧波组具明显特征，且在平行测线方向数十千米范围内特点相似。

（5）断点组合遵循断裂力学机制的规律：不同岩石的力学性质、受力大小以及不同的受力方式所产生的断裂系统具有自身规律和内在联系。

（6）尽可能明确控制断层的构造性质和其成因类型。不同成因类型的构造其产生的断裂系统变化很大。断块构造一般以锯齿型短的张性断层为主；挤压褶皱一般以延伸较长的线状断层为主；平移褶皱一般具雁行排列的断裂系统；在张性环境下的次级断块和断阶一般发育弧形断层、放射性断层系等。

（7）断点的组合有认识—修改—再认识的过程。

在上述断裂识别与解释原则下，对研究区断裂构造开展了系统解释与空间闭合（图1-8），塔河TP12CX断裂带解释测网密度为4Line×4Trace，通过断裂剖面解释和平面组合，完成了塔河、顺北研究区 T_2^2、T_4^6、T_5^0、T_6^0、T_7^0、T_7^4、T_7^6、T_7^8、T_8^0、T_8^1、T_9^0 共计11个层位的断裂体系分布图，上述断裂体系图与对应层位的相干图具有良好的吻合关系。

1.1.4 等 T_0 构造图编制

在完成地震资料构造解释的基础上，根据地震剖面上主测线的断点位置、断层性质、断层规模（断距大小、断面宽度），合理地进行断层组合及调整。在剖面层位

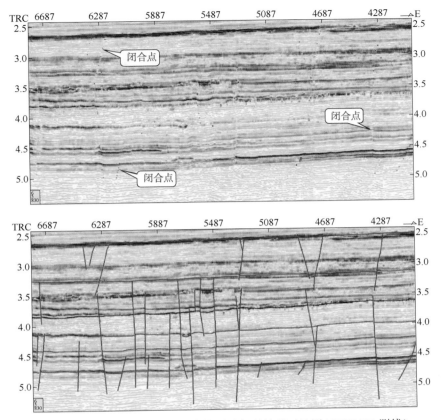

图 1-8　托甫台北工区剖面闭合情况及解释结果对比图（CDP3830 测线）

解释及断层平面组合完成以后，依据所拾取的各层 T_0 时间，在平面上网格化形成网格数据，然后利用网格间插值，产生等值线，形成等 T_0 图。

通过上述方法，开展了研究区 T_2^2、T_4^6、T_5^0、T_6^0、T_7^0、T_7^4、T_7^6、T_7^8、T_8^0、T_8^1、T_9^0 共计 11 个层位的等 T_0 构造图的编制。

1.2　断裂构造类型及演化成因分析

1.2.1　断裂构造类型

塔河、顺北地区在地史演化过程中经历了加里东、华力西、印支、燕山和喜马拉雅等多期构造运动，断裂构造极其发育。断裂构造类型的划分方案有多种，主要划分依据包括断裂的力学性质、断裂规模、断裂活动期次或活动时期、断裂对盆地或洼陷等的控制作用、断裂断穿的层位等。根据 4 条典型走滑断裂的内部断裂发育特征，对其类型的划分主要根据断裂的运动学特征、断裂活动时期和断裂活动期次 3 个方面：按力学性质可分为纯走滑断层、走滑伸展断层、走滑挤压断层和走滑反转断层；按断层活动时期分为早古生代活动断层、晚古生代活动断层和中新生代活动断层；按断裂活动期次可划分为单期活动断层和多期活动断层。

1）按运动学特征分类

塔河地区经历了加里东、华力西、印支、燕山、喜马拉雅构造运动和多期伸展、挤压和走滑构造旋回，发育了一系列形态各异的断层，各期构造运动发育的断层在断层性质、活动强度、展布特征等方面有很大差异。按力学或运动学特征，4条典型走滑断裂带的内部断裂构造类型可分为纯走滑断层、走滑伸展断层、走滑挤压断层和走滑反转断层（图1-9）。

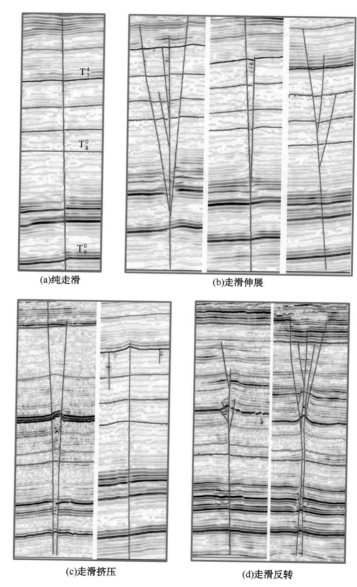

(a)纯走滑　　(b)走滑伸展

(c)走滑挤压　　(d)走滑反转

图1-9　研究区4条典型走滑断裂带的走滑断裂类型图

（1）纯走滑断层。

纯走滑断层在研究区的4条走滑断裂带中均有发育，是各走滑断裂带中主要的断裂构造类型之一，该类走滑断层平面展布相对平直，剖面表现为高陡直立的线状，两侧地层对接关系良好，断距极其不明显，但从整套地层变形特征及走滑断裂识别标志等可以看出地层错段特征。

（2）走滑伸展断层。

走滑伸展断层是塔河和顺北地区极其重要的走滑断裂构造类型，沿该类断裂构造钻探发现了一系列高产油气井。该类断层主要发育于北东向走滑断裂带中，如TP12CX断裂带、TK494断裂带和顺北1号断裂带，其剖面组合样式包括负花状走滑伸展断层、窄地堑式走滑伸展断层和羽状走滑伸展断层。发育的断裂破碎带宽度、断裂活动强度、断控储集体发育程度等具有明显的分带分段性，北东向TP12CX走滑断裂带中该类构造比较发育，而北西向的S99走滑断裂带和顺北5号走滑断裂带中该类构造相对较少发育。

（3）走滑挤压断层。

走滑挤压断层同样是塔河和顺北地区重要的走滑断裂构造类型，也钻探发现了诸多高产油气井，该类构造在S99和顺北5号断裂带中比较发育，形成一系列走滑挤压隆起带，各条走滑断裂带之间或同一条走滑断裂带的不同段落之间的隆起强度和幅度具有显著差异，剖面构造样式包括构造变形强烈的正花状、变形中等的上隆段夹块以及变形较弱的走滑断裂带顶部轻微上凸。

（4）走滑反转断层。

反转构造研究是含油气盆地分析中的重要研究内容之一，反转构造一方面可以形成良好的圈闭条件，另一方面使早期形成的断裂重新活动，有利于油气运移，对油气运聚成藏具有重要的意义。因此，研究反转构造对于沉积盆地分析和油气勘探具有重要的理论与现实意义。塔河、顺北地区的反转构造类型主要为走滑反转构造，包括走滑负反转和走滑正反转构造。其中走滑负反转构造在顺北地区比较发育，尤其在顺北5号断裂带，主要表现为寒武系—下部奥陶系的压扭和中上部志留系—白垩系的张扭，在部分地区成为 T_5^0 界面附近岩浆活动的运移通道（图1-10），由于多期区域构造应力场的转变，部分主干走滑断裂带的走滑反转具有多期走滑反转垂向叠加特征。

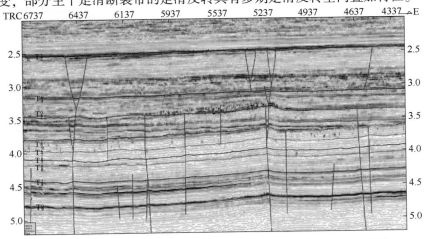

图1-10 塔河地区典型走滑反转构造地震解释剖面图（CDP3216测线）

2）按断层活动时期或活动期次分类

受区域动力背景的控制，塔里木盆地经历了多期次和多方向应力作用，导致盆地内部构造特征及演化比较复杂。上述构造运动的多期性以及应力活动方式的多样性导致塔河、顺北地区的断裂性质、规模、形态、活动期次及强度极其复杂且差异活动特征十分显著（图1-11、图1-12）。

演化阶段	时期	期次	应力场特征	断裂活动特征	代表性地震解释剖面
喜马拉雅期	早期	⑧	张扭	（较弱）继承性张扭活动雁列展布	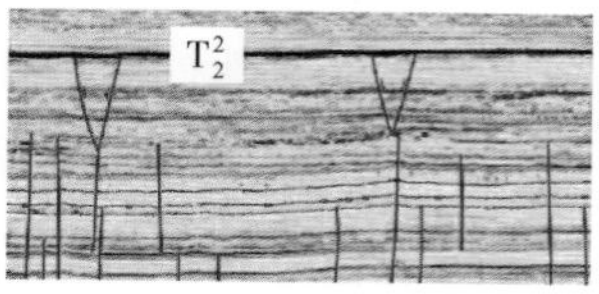 T_2^2
燕山期	早中期	⑦	张扭	（较弱）张扭活动雁列展布	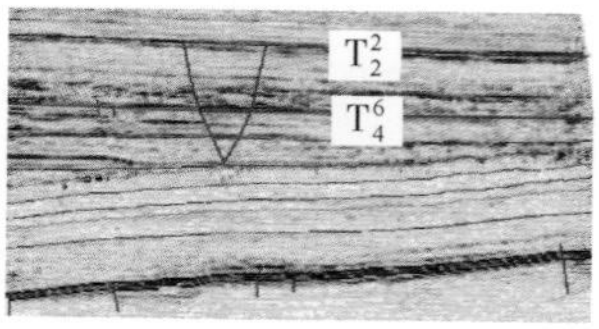 T_2^2 T_4^6
印支期	晚期	⑥	聚敛	（较弱）挤压逆冲（T_4^6变革期）	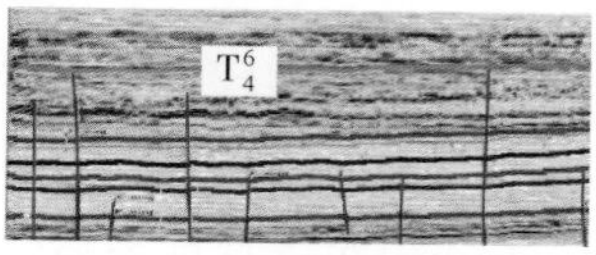 T_4^6
华力西期	晚期	⑤	聚敛	（强烈）挤压逆冲（T_5^0变革期）	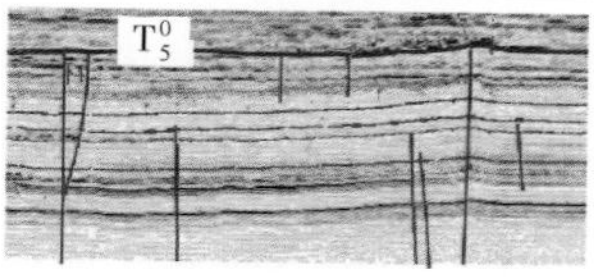 T_5^0
加里东期	晚期	④	聚敛	（强烈）继承性剪切（T_6^0变革期）	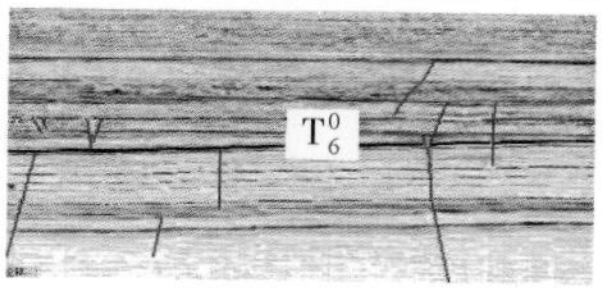 T_6^0
加里东期	中期	③	聚敛	（较强）继承性剪切（T_7^0变革期）	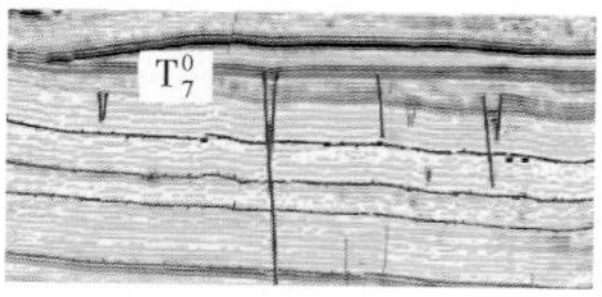 T_7^0
加里东期	中期	②	聚敛	（强烈）纯剪切西强东弱顶部拱张（T_7^4变革期）	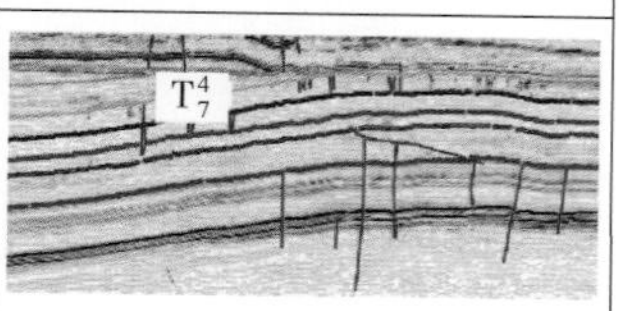 T_7^4
加里东期	早期	①	弱伸展	（较弱）小型正断裂	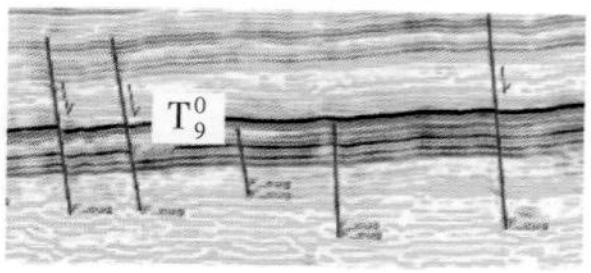 T_9^0

图1-11　研究区断裂构造活动期次图

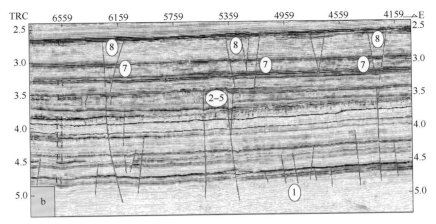

图 1-12　塔河地区断裂发育期次与活动特征图

结合塔里木盆地区域动力背景和盆地演化过程分析认为，塔河、顺北地区断裂活动时期宏观上可以划分为 3 个阶段 8 个主要活动期次，分别为早古生代、晚古生代和中新生代。其中早古生代断层活动又可以划分出 4 个期次，即加里东早期 I 幕的伸展正断、加里东中期 I 幕的近南北向均衡挤压（塔河地区"X"形共轭剪切断裂形成期和 T_7^4 关键构造变革期）、加里东中期 III 幕走滑断裂第 1 期继承性活动（T_7^0 关键构造变革期）、加里东晚期—华力西早期走滑断裂第 2 期继承性活动并基本定型（T_6^0 关键构造变革期）；晚古生代断层活动包括 1 个期次，即华力西晚期走滑断裂第 3 期继承性活动（T_5^0 关键构造变革期）；中新生代的断层活动可划分出 3 个期次，即印支晚期极少数主干断裂发生第 4 期弱继承性活动（T_4^6 关键构造变革期）、燕山期主干走滑断裂发生第 5 期弱继承性活动并产生分层差异应变作用、喜马拉雅早期主干走滑断裂发生第 6 期弱继承性活动且浅层雁列断裂也发生继承性活动。

1.2.2　走滑断裂演化特征分析

塔河地区及其周缘断裂活动具有多期性及继承性的特点，经历了加里东、华力西、印支、燕山及喜马拉雅等多个构造旋回（表 1-1）。结合盆地演化的区域动力学背景、盆地地层发育特征、不整合面发育特征及前人研究成果等，对关键构造变革期断裂演化过程与成因机制进行分析。

1）加里东早期

塔河地区此期正断层比较发育，地震剖面表现为断裂活动强度（断距）及规模较小、断裂产状较陡、多数断裂断穿 T_9^0 反射界面等特征，研究区内的该期断裂多数在后期构造运动中没有发生继承性活动，多数发育于 T_8^1 界面以下，只有少量位于晚期剪切断裂发育路径的断裂在后期才发生继承性活动，地震剖面表现为断裂剖面下部形态呈铲式，往上断裂产状变陡，整条断裂的剖面形态与直立的剪切断裂具有显著差异。

表1-1　塔里木盆地塔河地区构造层序与构造演化表（据丁文龙，2007）

界	系	统	组	代号	构造层序一级	构造层序二级	反射界面	构造运动	原盆地演化	主要构造不整合	一级构造旋回期	一级构造旋回	绝对年龄/Ma
新生界	第四系			Q	VI	3	T₀⁰	喜马拉雅运动晚期	陆内前陆盆地		喜马拉雅期	喜马拉雅旋回（大陆板内旋回）	2.48
	新近系	上新统	库车组	N₂k			T₂⁰	喜马拉雅运动中期					5.4
		中新统	康村组	N₁k		2	T₂¹	喜马拉雅运动早期					
			吉迪克组	N₁j		1							
	古近系	渐—古新统	苏维依组	E₃s			T₃⁰		陆内前陆盆地	古近纪末			65
			库木格列木组	E₁₋₂km									
中生界	白垩系	下统	巴什基奇克组	K₂bs	V	6		燕山运动晚期	陆内坳陷—前陆坳陷	白垩纪末	燕山期	燕山旋回	
			卡普沙良组	K₁kp		5	T₄⁰	燕山运动中期		侏罗纪末			
	侏罗系	下统		J₁		4		燕山运动早期	陆内坳陷				
	三叠系	上统	哈拉哈塘组	T₃h	IV	3		印支运动	陆内坳陷—前陆坳陷	三叠纪末	印支期	印支旋回	
		中统	阿克库勒组	T₂a		2	T₅¹	华力西运动末期		二叠纪末	晚华力西期	华力西旋回	250
		下统	柯吐尔组	T₁k		1		华力西运动晚期					
古生界	二叠系	中统	沙井子组	P₃s	III	2	T₅⁶		裂谷、克拉通边缘坳陷、克拉通内坳陷		中华力西期		277
		下统	开派兹雷克组	P₂kp		1	T₅⁷	华力西运动中期—					295
	石炭系	中统	卡拉沙依组	C₁kl		2	T₆⁰	华力西运动早期			早华力西期		320
		下统	巴楚组	C₁b		1							
	泥盆系	上统	东河塘组	D₃d	II	1	T₇⁰	加里东运动中期 Ⅱ幕	周缘前陆盆地、克拉通边缘坳陷	中泥盆世末	晚加里东期	加里东旋回	354
	志留系	下统	柯坪塔格组	S₁k				加里东运动中期 Ⅰ幕					362.5
	奥陶系	上统	桑塔木组	O₃s	I	6		加里东运动早期	周缘前陆盆地、克拉通边缘坳陷	奥陶纪末	中加里东期		410
			良里塔格组	O₃l		5	T₇⁵						438
			恰尔巴克组	O₃q		4							
		中统	一间房组	O₂yj		3							
		中下统	鹰山组	O₁₋₂y									
		下统	蓬莱坝组	O₁p									
	寒武系	中上统	下丘里塔格组	∈₂₋₃g		2	T₈⁰	加里东运动早期	克拉通台地离散（张裂）、大陆边缘坳拉槽	寒武纪末	早加里东期		490
		中统	阿瓦塔格组	∈₂a			T₈¹						500
			沙依里克组	∈₂s									
		下统	吾松格尔组	∈₁w									
			肖尔布拉克组	∈₁x									
			玉尔吐斯组	∈₁y									
元古界	震旦系	上统	奇格布拉克组	Z₂q		1		柯坪	裂陷、坳拉槽—离散、大陆边缘、克拉通台地	震旦纪末			543
		下统	苏盖特布拉克组	Z₂s									
			尤尔美那克组	Z₁y									680

2）加里东中期

在阿克库勒地区，加里东中期构造运动使阿克库勒凸起乃至沙雅隆起初具雏形，与其伴随的主要是北北东和北北西两组剪切断裂，断裂以短轴状为主，一组方向的断层多为雁列式排列，总体贯通性较差。多幕次性是加里东中期运动的显著特点，其中对塔河地区断裂构造演化具有重要控制作用的是加里东中期Ⅰ幕和晚奥陶世末期的加里东中期Ⅲ幕。

中奥陶世末，即加里东中期Ⅰ幕，塔里木盆地处于南北向挤压构造应力场作用下，且具有南强北弱的特征，该构造作用导致盆地南北两盆缘构造变形强烈，形成一系列逆冲、挤压褶皱和隆起等。在塔北地区形成双向对称的共轴挤压应力场，其共轴线大致位于现今的塔中隆起—顺托果勒斜坡—哈拉哈塘坳陷一带，呈近南北向。加里东中期Ⅰ幕"X"形断裂主要依据为：一是盆地构造演化的区域动力背景，由前文对盆地演化的区域动力学背景及其演化过程分析可见，该时期区域应力场为南北向挤压，形成盆地内重要的 T_7^4 区域不整合面，而且该南北向挤压应力在塔北地区形成共轴均衡挤压条件；二是地震剖面上揭示的断裂发育特征，特别是走滑断裂与 T_7^4、T_7^0 的断穿关系，多数剖面揭示出多数直立的走滑断裂终止于 T_7^4 界面，而在研究区中西部有部分主干走滑断裂发生继承性活动并断至 T_7^0、T_6^0 甚至 T_5^0；三是台盆区沉积古环境和古水系特征，由图1-13可见，在上奥陶统良里塔格组沉积前，塔中北坡至塔北南部为广阔的混积陆棚，而塔中和塔北地区均为开阔台地，说明该时期盆地中部沿南北向已具有宽缓的隆坳构造格局。此外，桑塔木南地区 T_7^2 反射波顶面以下0~20ms精细相干平面图也揭示出了该时期的古水系呈带状分布，并且与构造解释所揭示的主干断裂展布特征相吻合（图1-14）。

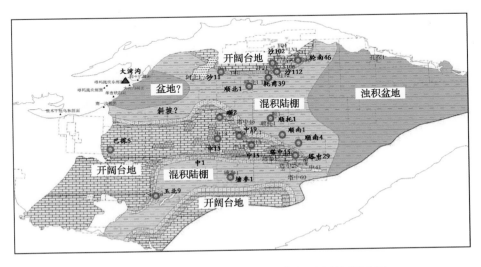

图1-13　塔里木盆地上奥陶统良里塔格组沉积相展布图

（据中国石化西北油田分公司，2016）

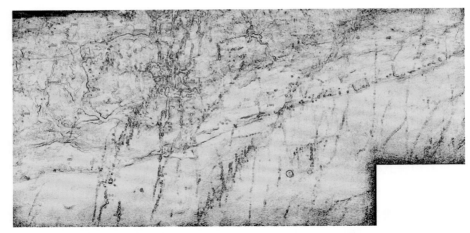

图 1-14　桑塔木南地区 T_7^2 反射波顶面以下 $0\sim20\text{ms}$ 精细相干平面图

（据中国石化西北油田分公司，2016）

晚奥陶世末期，受加里东中期Ⅲ幕古昆仑洋和古天山洋俯冲消减作用的持续影响，塔里木盆地塔东、塔中、塘古巴斯、巴楚和麦盖提地区逆冲断裂带持续发育，盆地发育了 T_7^0 区域不整合。塔北地区该阶段的挤压应力方向与加里东中期Ⅰ幕基本相同，为近南北向，但挤压应力的强度明显减弱。在该期挤压构造运动作用下，塔北地区构造活动再次活跃，导致研究区中西部早期发育的主干走滑断裂带发生继承性活动，平面上表现为研究区中西部活动性强，往东和东南方向断裂活动减弱或无断裂活动（图 1-15）。

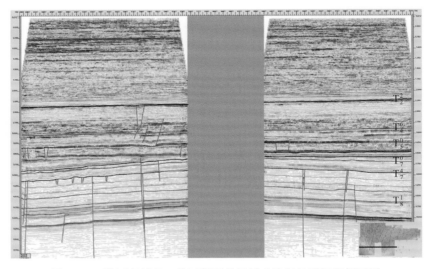

图 1-15　塔河高精度三维区断裂差异活动特征地震解释剖面图

3）加里东晚期—华力西早期

加里东晚期—华力西早期塔里木盆地断裂活动以塔北隆起最为强烈，塔中隆起、塘古巴斯坳陷、巴楚隆起和孔雀河斜坡断裂构造继承性发育。塔北隆起在该期断裂活动较强烈，主要断裂活动位于塔北隆起北部，沙雅—轮台断裂强烈活动并切断沿线早期形成的走滑断裂。志留系—泥盆系构造变形层更清楚地反映华力西早期运动的变形特征，华力西早期运动在塔北地区形成了由三个大型的北东向鼻状凸起呈东西向雁行排列组成的变形构造带，即自东向西的库尔勒鼻凸、阿克库勒鼻凸、沙西鼻凸。伴随阿克库勒北东向构造的形成，在其宽缓的东南翼斜坡上还发育了一系列北东向次级褶皱及沿褶皱带发育的断裂。研究区除了加里东中期的许多主干走滑断裂继续活动外，由北西—南东向挤压应力场所产生的北北东或北东向剪切断层也相当发育（图1-16），研究区中部沿⑪号走滑断裂带发育的逆冲断裂就发育于该时期（图1-17）。

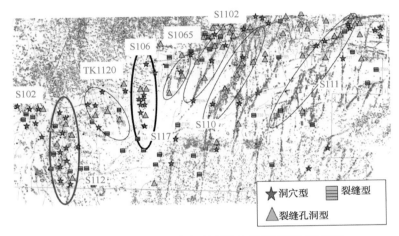

图1-16　塔北地区中东部断裂构造即岩溶发育特征图

（据中国石化西北油田分公司，2016）

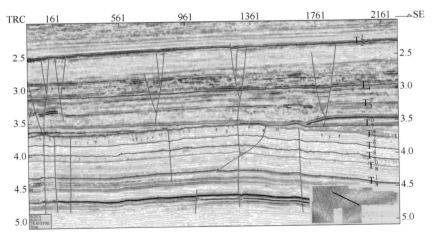

图1-17　塔河高精度三维区中部典型断裂构造解释剖面图

4）华力西晚期

华力西晚期断裂活动总体由盆地南部向北部迁移，断裂强烈活动区位于塔北隆起、孔雀河斜坡、巴楚隆起和麦盖提斜坡等地区。塔北隆起区以冲断和褶皱变形为主要特征，但不同构造部位的变形特征存在差异，阿克库勒地区发育典型的背冲断块，同时在其南缘和哈拉哈塘地区发育盐拱构造。在阿克库木断裂带及其以南地区形成典型的东西向背冲构造和大型挤压褶皱，褶皱强烈变形段顶面为 T_5^0 区域不整合，后期在印支、燕山构造运动作用下有轻微的继承性褶皱变形（图1-18）。在塔河油田的主体区即 S85 井—S70 井连线附近，由于两组方向褶皱的叠加产生密集的断裂和裂缝，加之极端发育的岩溶，断裂和岩溶两者关联作用形成溶塌断层。

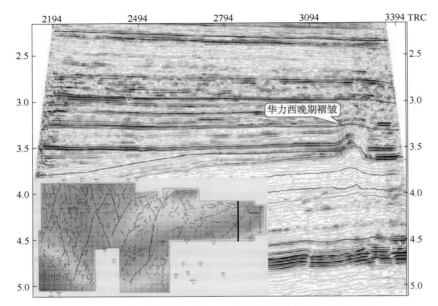

图1-18　塔河高精度三维区中部典型断裂构造解释剖面图

5）印支期

该时期的原型盆地以前陆盆地为特征，主要发育有塔西南前陆盆地、库车前陆盆地和中部克拉通坳陷盆地，而在西部、东部及东南部则发育大型隆起。

中三叠世，西南侧挤压作用逐渐加强。中部盆地的轴向由于阿瓦提~阿拉尔一带的沉降而逆时针旋转。库车前陆盆地的范围略有缩小。塔里木古克拉通发育的原型盆地，在北部为库车前陆盆地，中部为克拉通内部坳陷，中部克拉通内部坳陷沉积范围往东北偏移。西部隆起与中天山连片，东北部和东南部发育东部隆起，库车前陆盆地以南发育沙雅前缘隆起。

晚三叠世，随着南侧碰撞事件的发生，挤压作用达到高潮，盆地表现出强烈的隆升与剥蚀。中部坳陷范围缩小且向东迁移。库车前陆盆地由于挠曲沉降充分，沉降幅度大，形成了较为宽广的河流—湖泊沉积体系。三叠纪末，塔里木盆地经历了大面积的隆升剥蚀，尤其塔东隆起最为强烈，并形成大范围剥蚀不整合，早中三叠世的沙雅前缘隆起被沉积覆盖。至晚三叠世晚期，湖盆逐渐被充填，发育了塔里奇克组三个由粗至细的沉积旋回，顶部出现了灰黑色碳质泥岩夹煤线（层）沉积，表明该前陆盆地已演化至晚期。三叠纪末，塔里木盆地南缘为塔南碰撞边缘隆起，北缘为古天山隆起，盆内遭受大面积隆升剥蚀。

印支期是塔里木盆地及周缘地区构造体制发生变革的重要时期，彻底结束了古特提斯洋的历史，开辟了新特提斯洋的发育历史。该时期塔北隆起南部的隆后区，断裂较少，规模不大、断距小、断裂活动性整体较弱。

6）燕山期

早侏罗世，昆仑构造域在喀喇昆仑一带发生俯冲作用，这引起弧后伸展并导致海相侏罗系的发育。在此区域伸展背景下，盆地与相邻造山带结合部分作为盆—山演化系统的边界和端元，为构造软弱带和敏感变形带，易发生拉张形成断陷湖盆，形成盆缘断陷，地势西高东低，盆地局限于库车、塔东北、塔东南和塔西南（图1-19、图1-20）。

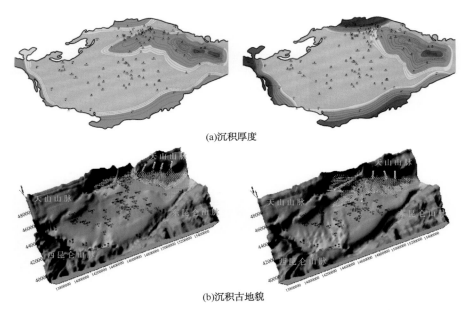

(a)沉积厚度

(b)沉积古地貌

图1-19　塔里木盆地早侏罗世原始沉积厚度及沉积古地貌立体图（据陈红汉，2011）

塔北地区发育了一系列弱伸展断裂，该类断裂的分布特征有两个规律：一是沿早期发育的大型走滑断裂带分布，平面呈雁列展布特征，与下部呈直立的走滑断裂形成鲜明对比，该类断裂是主干走滑断裂带在该时期微弱活动并向上进行应力传递的结果，部分活动强度大的主干走滑断裂带所在地区上下两套断裂相互贯通，而多数地区因石炭系膏泥岩段对应力的吸收作用而未贯通；二是在研究区东部的构造转折带发育一条规模较大的北东东向伸展断裂体系，该断裂带既与走滑断裂无关，也和盐边构造无关，为区域弱伸展应力作用下在构造转折端产生局部松弛应力作用的结果。中侏罗世为构造调整期，盆地面积缩小，原来的库车、塔西南、塔东南等断陷已演变为坳陷。晚侏罗世羌塘地体已经靠近喀喇昆仑，新特提斯洋的北支已经转化为残留洋，挤压作用加强，断陷作用停止；阿尔金断裂发生左旋走滑，产生压扭作用。但塔里木克拉通的盆地基本格局没有大的改变，主要是由断陷转化为坳陷，发育有库车、塔东北、塔西南、塔东南等原型坳陷盆地；巴麦西部隆起和东南部隆起连片为南部隆起，沙雅隆起与天山隆起也相互连接(图1-21)。

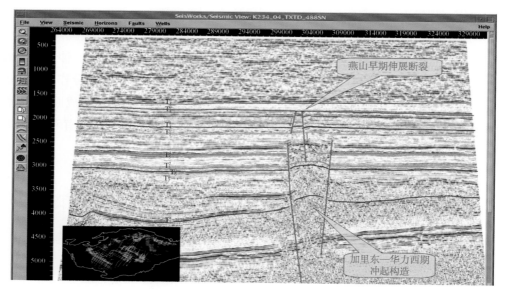

图1-20　塔里木盆地早侏罗世伸展断裂发育特征图

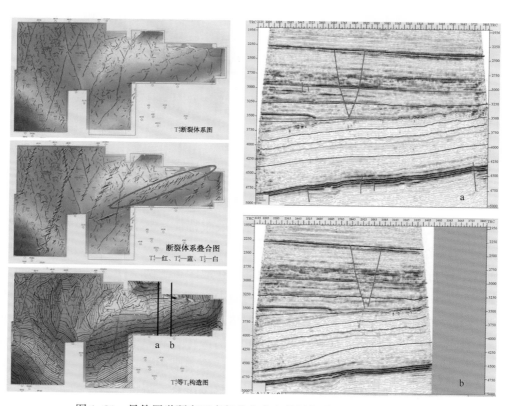

图1-21　早侏罗世研究区东部北东东向伸展断裂发育特征平剖面图

下白垩统红色粗粒沉积物代表了另一次断裂作用的开始，伴随有岩浆活动。在塔北地区发育一系列张扭性雁列断裂带，该断裂带与深部走滑断裂带具有良好的空间对应关系，深部走滑断裂对其形成演化具有重要的控制作用（图1-22、图1-23）。

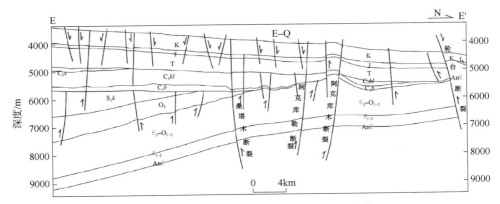

图1-22　塔里木盆地燕山晚期断裂系统图（据汤良杰等，2012）

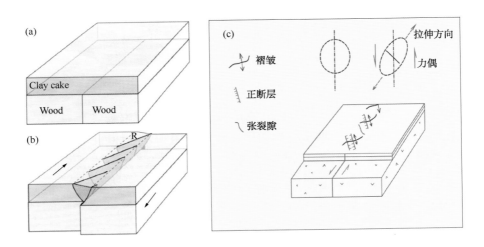

图1-23　不同岩性下早期深部走滑断裂与晚期浅部断裂成因关系图（据 Fossen，2011）

7）喜马拉雅期

喜马拉雅期构造旋回塔里木原型盆地演化包括两个阶段：①喜马拉雅早期为弱伸展与挤压挠曲沉降背景，为裂陷—坳陷发育期；②喜马拉雅晚期强烈挤压挠曲与隆升背景，为陆内坳陷和前陆坳陷发育期。盆地主要构造变革期为古近纪末的挤压隆起变形（T_2^2）和新近纪中晚期挤压隆起变形（T_2^0）。

塔北地区断裂活动微弱，只在喜马拉雅初期有断裂继承性活动，部分断裂断穿T_2^2界面，此后的塔北地区整体向北倾斜，地层稳定发育，断裂活动停止，最终形成现今的断裂构造面貌（图1-24）。

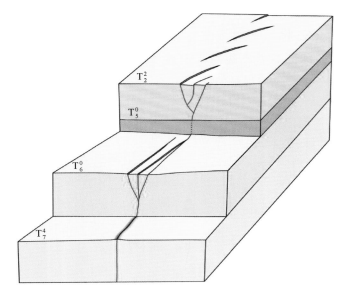

图 1-24　塔北地区典型走滑断裂带多期断裂活动特征图

1.3　断裂构造特征分析

1.3.1　断裂平面特征

受区域动力背景和塔里木盆地构造演化制约，塔河、顺北地区在震旦纪以来的地质演化历史中，经历了多期多方向构造应力场作用和多个伸展、挤压、走滑（扭动）等构造旋回，使得该区断裂构造特征及演化异常复杂。导致断裂平面展布具有明显的垂向分层、横向分区分带分段和线形延伸等特征（图 1-25～图 1-27），具有明显的分层、分区、分带和分段差异性。

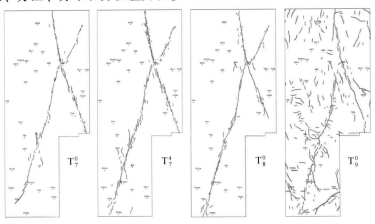

图 1-25　托普台 TP12CX 断裂带断裂构造平面分布特征图

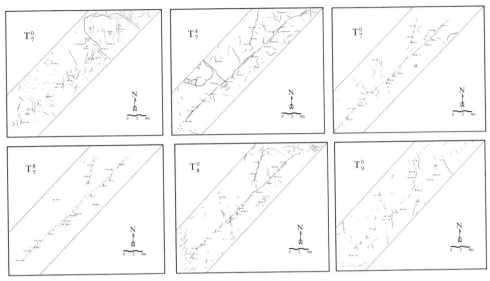

图1-26   顺北1号断裂带主要层位界面断裂平面组合图

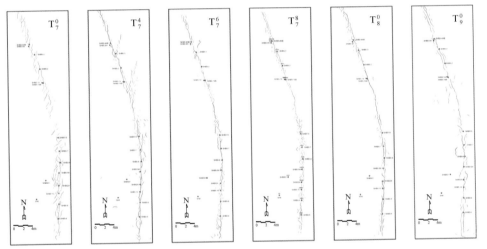

图1-27   顺北5号断裂带主要层位界面断裂平面组合图

1）垂向分层差异性

垂向分层主要表现为不同构造变形层的断裂展布特征差异明显，总体表现为T_9^0地震反射界面断裂分布较杂乱；T_8^1-T_7^4地震反射界面断裂线形走滑特征明显；T_7^0及以上地震反射界面断裂分布特征具有分区差异性，塔河地区T_7^0界面断裂展布与下伏的T_7^4等界面相似，为线形走滑特征，到了中新生界才发育由一系列雁列展布的小断裂组成的大型走滑断裂带，而顺北地区则在T_7^0界面就发育了由一系列雁列展布的小断裂组成的大型走滑断裂带，再往上的中新生界断裂平面展布与下伏古生界断裂几乎无空间耦合关系。

2）分区分带分段差异性

走滑断裂带平面展布特征的分区性主要表现为在塔河地区的中新生界大量发育雁列式断裂带，而顺北地区则为杂乱分布的小断裂；分带差异性表现为 TP12CX 断裂带平面呈中部略微弯曲的直线型，顺北 1 号断裂带呈较平直的直线型，顺北 5 号断裂带呈中部向东突出的弧形；分段差异性表现为每条走滑断裂带可细分为不同力学特征、不同断裂组合样式的多个段落，包括张扭段、压扭段、纯走滑段等。

3）线形延伸

由上述分析可见，研究区断裂构造分区、分层和带状展布特征明显，而对每条断裂带而言，其平面展布具有线性延伸特征，并且多数主干走滑断裂带延伸出了工区范围，其规模应远大于研究区所揭示的大小。此外，研究区各走滑断裂并非由 1 条或少数几条次级走滑断裂组成，而是由一系列次级小断裂组成，小断裂间以首尾衔接式或雁列式展布并向两侧延伸，断裂带的宏观延伸形态主要有直线型、曲线型和雁列式三种类型。

4）断裂平面组合样式

研究区断裂平面组合样式相对单一且走滑特征十分明显，断裂平面组合也具有分区、分层、分带及分段差异性。断裂平面组合样式以雁列式、斜列式、铰链式、线性等为主，表现出典型的走滑构造特征（图 1-28）。

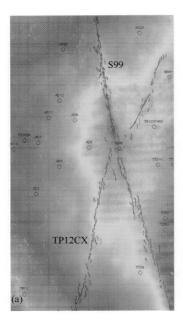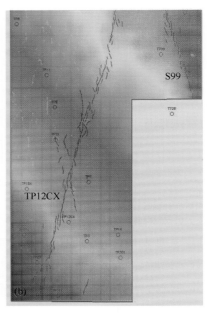

图 1-28　塔河 TP12CX、S99 断裂带 T_7^4 界面断裂组合图

1.3.2　断裂剖面特征

由于塔河地区构造演化的复杂性和构造变形的分区、分期、分层、分带差异性，

使得本区断裂构造的剖面组合样式也复杂多样，包括伸展断裂组合样式、挤压断裂组合样式和走滑断裂组合样式(图1-29)。其中伸展断裂组合样式主要有地堑式、地垒式、断阶式、"y"字形、反"y"字形、"V"字形和羽状等，该类断裂组合样式主要发育于 T_9^0 界面附近和上部的中新生界；挤压断裂组合样式有对冲式、背冲式、反冲式、并列式、聚敛式等，该类断裂组合样式主要发育于研究区的中东部；走滑断裂组合样式主要有正花状、负花状、斜列式、平行式、烟囱状、窄地堑式等。

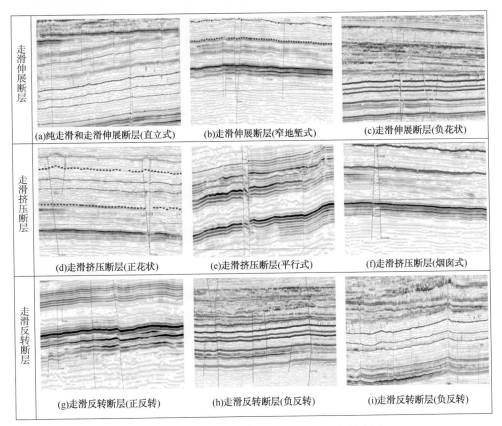

图1-29　研究区主要的断裂构造剖面组合样式图

1.3.3　断裂构造空间分布规律

　　塔河、顺北地区断裂构造空间分布具有明显的分区、分带、分段及分层差异性。塔河地区断裂的分区差异分布表现为研究区中东部的走滑断裂不太发育，早期(古生代)以发育逆冲断层为主，呈近东西向成排成带发育，晚期在盐边构造带北侧发育了一条大型的雁列式走滑断裂带；而在研究区中西部，走滑断裂比较发育，平面呈典型共轭剪切特征或北东向雁列展布特征。

　　断裂分段差异分布表现为多数中大型主干走滑断裂具弯曲效应等，包括纯走滑段、走滑伸展段和走滑挤压段。断裂分层差异性表现为深层(T_9^0界面)断裂杂乱分布，而 T_8^1-T_6^0 界面的断裂在平面上主要呈"X"形展布，中新生界断裂则呈典型的雁列式展布且与早期主干走滑断裂位置一致，是上下两套断裂体系在同一区域应力作用下发生差异活动的结果，形成上下两套特征迥异的断裂垂向叠置（图1-30）。

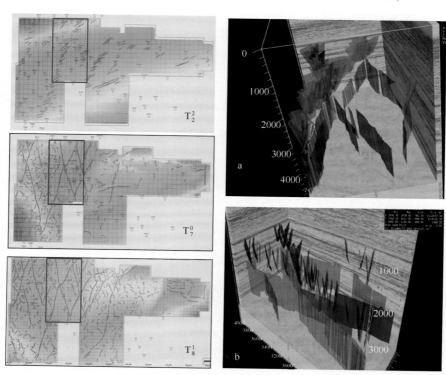

图1-30　塔河地区典型走滑构造带断裂空间叠置图

　　在对塔河地区主干走滑断裂的基本特征和差异活动特征分析的基础上，根据剖面上断裂的发育特征，可将研究区主干走滑断裂带的活动强度分为强、中、弱三级。其中活动性强的走滑断裂表现为断裂剖面特征非常明显、变形强烈、隆坳明显、长期活动、相干体上醒目、极易识别；活动性强中等的走滑断裂表现为剖面特征较明显、变形较强烈、断距明显、多期活动、相干体上清晰、容易识别；活动性弱的走滑断裂表现为剖面特征不明显、变形较弱、断距不明显、多期活动、相干体上较清晰、较易识别（图1-31）。顺北地区走滑断层是古生界最重要的断裂构造类型，平面呈典型线状展布，剖面呈花状构造样式。在垂向上呈现出明显的分层差异活动特征，为"三层楼"式分布（图1-32），即以 T_6^0 和 T_5^0 界面为界，分为上、中、下三套特征明显不同的断裂体系。T_5^0 界面以上的中新生界，主要发育了众多小型伸展断裂，且空间分布比较杂乱；T_6^0 界面附近至 T_5^0 界面之间，为一套近于直立的高角度断裂体系，数量也比较多，空间分布同样比较杂乱，但该套断裂体系与上部的小型伸展断裂无明显的空间对应关系；而 T_6^0 界面附近以下则以发育大型北东向走滑断裂带为典型特征，此外，其余地区也发育了一定数量的走滑或扭动断裂。

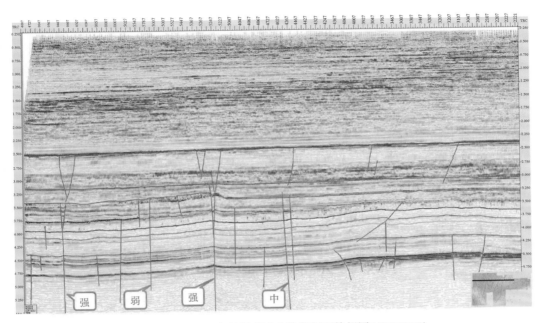

图 1-31　研究区走滑断裂活动强度剖面特征图（CDP3222）

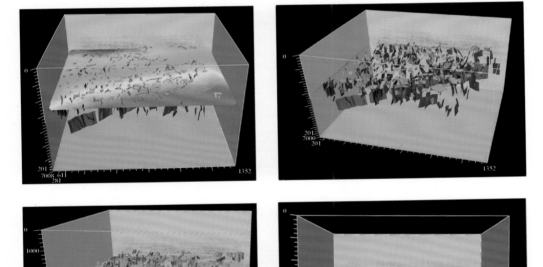

图 1-32　顺北三维区典型走滑构造带断裂空间展布特征图

　　顺北地区中新生界走滑断裂或走滑构造并不明显，走滑断裂活动形式主要表现为古生界走滑断裂在后期（中生代）的继承性活动，断裂活动强度相对古生代而言明显变弱，而且该类古生界走滑断裂后期发生继承性活动的区带主要是在 5 号和 7 号走滑断裂带的局部段落，向上断穿中生界的层位也比较有限，一般未断穿 T_4^{6a} 地震反射界面。由 5 号断裂带不同段的走滑断裂发育特征分析可见（图 1-33~图 1-35），该断裂带具有明显的多期活动特征，关键活动时期包括加里东中期 I 幕（T_7^4 关键构造变革期）、加里东中期Ⅲ幕（T_7^0 关键构造变革期）、加里东晚期-华力西早期（T_6^0 关键构造变革期）以及华力西晚期（T_5^0 关键构造变革期）。其中 T_7^4 界面走滑断裂以线形展布为主，T_7^0 界面走滑断裂则以雁列展布为主并和 T_7^4 界面走滑断裂具有良好对应关系，为早期走滑断裂后期继承性活动的产物。此外，T_6^0 界面走滑断裂与 T_7^0 界面走滑断裂时空耦合关系也很好，表现出明显的继承性关系。但本区 T_5^0 界面断裂构造则比较复杂，众多小型高角度断裂发育，平面分布杂乱，且与下伏 T_6^0 界面断裂以及上覆 T_4^{6a} 界面断裂体系均没有空间耦合关系，其原因可能与本区二叠系普遍发育的火成岩有关。

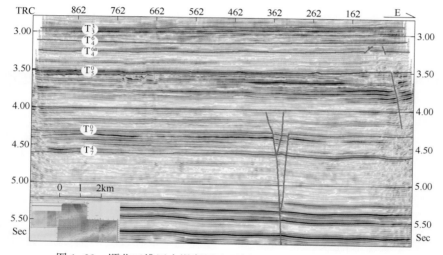

图 1-33　顺北三维区走滑断层地震剖面特征图（S8B-CDP1252）

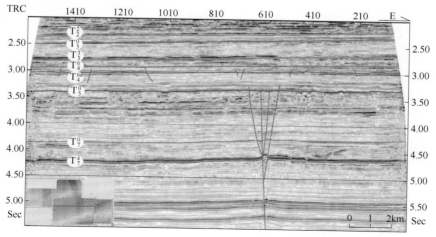

图 1-34　顺北三维区走滑断层地震剖面特征图（S8-CDP1290）

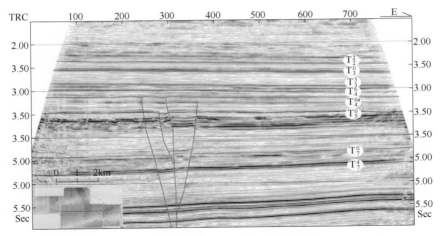

图 1-35 顺北三维区走滑断层地震剖面特征图（S8B-Line904）

加里东晚期以来，顺北地区 1 号、5 号走滑断裂的继承性活动呈现出明显的差异性：部分段落断裂未断达 T_6^0 界面；部分段落的断裂则基本终止于 T_5^0 界面，后期活动十分微弱；但也有少数地区断裂后期继承性活动相对强烈，断裂可断达 T_4^{6a} 地震反射界面附近，同时柯吐尔组及阿克库勒组变形较明显。后两类走滑断裂可能对古生界油气向中新生界发生垂向运移具有建设性作用。总体而言，顺北地区中新生界走滑断裂活动是古生界走滑断裂的继承性活动，且主要发育于 5 号断裂带中南段及 7 号断裂带地区，断裂活动强度较弱，与上覆地层中 T_4^{6a} 地震反射界面发育的众多小型伸展断裂具有显著区别，尽管两者的成因机制具有内在联系，但从断裂构造样式以及空间分布特征分析认为，两者分属两套不同特性的断裂体系。

综合分析表明，研究区 4 条典型走滑断裂带的活动特征既具有相似性，也具有差异性，相似性表现为大的构造演化背景、断裂活动阶段、分期分段分层差异活动特征等相似；而差异性则表现为断裂带的展布特征、力学特征、活动强度等具有明显的差异，其中北东向断裂主要为左阶和线形展布，少量发育右阶，而北西向断裂主要呈左阶和线形，极少发育右阶。在力学特征方面，北东向断裂主要表现为张扭和纯走滑，局部发育压扭构造，而北西向断裂则主要发育走滑负反转和纯走滑构造，局部发育张扭构造。

1）TP12CX 走滑断裂带

TP12CX 走滑断裂带为研究区内规模比较大的一条典型走滑断裂带，位于塔河工区中部偏西侧，具体为 TP25 井—S99 井一带，由图 1-36 和图 1-37 可见，该走滑断裂带由数条断裂组成且存在弯曲或分叉特征，断裂走向为北北东向，工区内延伸长度达 54.6km，除 T_9^0 界面断裂展布较杂乱之外，其余主要界面断裂以左阶展布为主，局部右阶或进一步复杂化，该断裂宏观上与北西向展布的 S99 断裂组成典型的"X"形共轭剪切断裂体系，为纯剪切作用的产物。

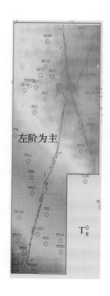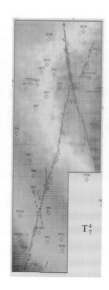

左阶为主

T_9^0　　　T_8^0　　　T_7^4　　　T_7^0

图 1-36　TP12CX 走滑断裂带平面展布特征图

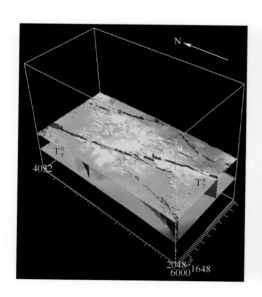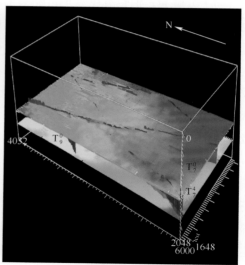

图 1-37　TP12CX 走滑断裂带北段走滑构造样式分段发育特征图

　　共轭剪断裂也叫作"X"形断裂，是典型的纯剪切作用的结果，为区域相对均衡挤压作用下，脆性岩石破裂变形的产物。理论研究表明，通常共轭剪切断裂的锐角等分线指示挤压主应力方向，据此可判断研究区"X"形断裂发育的主压应力为近南北向。其力学模式如图 1-38 所示，其模式用来解释同质介质中与三轴应力场有关的地质问题，大部分纯剪切是不旋转的，并具有正交对称的形式。

　　S99 走滑断裂带具右旋走滑特征，但所分割的托甫台—牧场北断裂带并非具有统一的活动特征，也不能理解为是早期同一断裂后期被错段的结果，而是共轭剪切作用下各块体破裂变形和协调作用的结果，其中的一组断裂可能先活动，而另外一组反向走滑断裂后活动。"X"形断裂发育于加力东中期Ⅰ幕，即 T_7^4 关键构造变革期，并且在之后的多期构造运动中，该"X"形断裂还发生了不同程度的继承性活动，而且在中新生界因岩性因素等影响而沿该深层走滑断裂带发育了雁列断裂带，浅层中断裂呈雁列展部且形态平滑清晰，而深部的走滑断裂平面呈褶曲形态，其成因与块体运动方式及脆性地层的破裂性质有关，该类构造变形特征在美国犹他州露头剖面得到了很好印证（图1-39）。

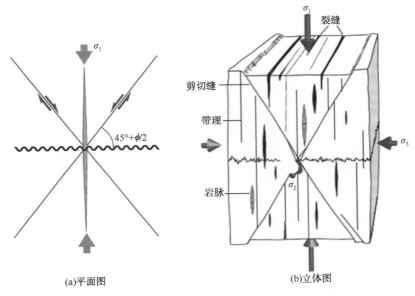

(a)平面图　　　　　　(b)立体图

图1-38　Coulomb-Anderson纯剪切模式平面与立体图

图1-39　托甫台—牧场北断裂带北段"X"形断裂体系三维特征图

托甫台—牧场北断裂带中南段及邻区内走滑断裂比较发育，平面上呈规模不等的较典型的"X"形共轭剪切断裂体系且分布密集，其中托甫台—牧场北断裂带中南段规模最大，连续性最强，整体呈北北东向展布，与数条北北西向走滑断裂斜交。中部位置的北北西向断裂表现出典型的左侧阶梯作用（图1-40），与区域应力场特征一起说明该段托甫台—牧场北断裂带呈左旋走滑特征，而北北西向左侧阶梯展布的走滑断裂为右旋走滑特征，即组成"X"形共轭剪切断裂的两组反向走滑断裂所分割的四个块体成对称反向运动，其中呈锐角方向的南北两块体相向运动，而东西两个块体相离运动，从而共同实现了受限制的共轴相向挤压背景下厚度较大的脆性地层构造协调变形及其空间问题。

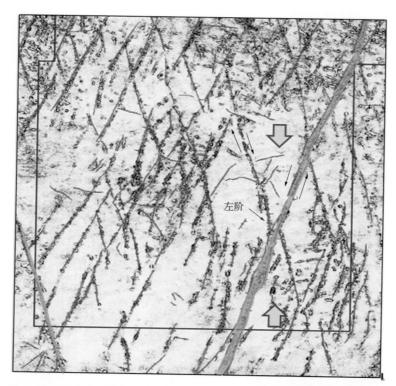

图1-40　托甫台—牧场北断裂带中南段及邻区 T76 界面断裂体系特征图

（据中国石化西北油田分公司，2016 修改）

TP12CX 走滑断裂带中南段具有明显的弯曲和侧接现象，北侧数条次级走滑断裂呈现出明显的侧接特征且为左侧阶梯展布，结合断裂主要活动期的左旋走滑特征分析认为，在上述数条侧接断裂的衔接部位（岩桥区）的应力特征为张扭性，可成为有利的流体运移通道，对所在地区储层发育和油气成藏具有积极意义，而且钻井验证了该类构造带为有利的油气富集场所。在该断裂本区段的中部地区，断裂平面展布呈现出明显的弯曲特征且弯曲的强度和规模均较大，结合 TP12CX 走滑断裂带北断裂带主要活动期的左旋走滑特征分析，该段的力学性质主要为走滑伸展特征，其间形成的走滑伸展区为岩溶发育和油气富集成藏提供了良好地质条件，是已被勘探证实的油气富集区。而该断裂本区段的南部地区的走滑断裂在宏观上看比较平直，但精细解释后发现也呈非直线型，具体表现为沿断裂带呈现出多段幅度较小的弯曲段，进而形成多个走滑伸展或走滑挤压段（图1-41）。

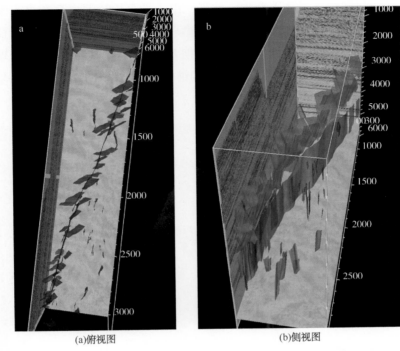

(a)俯视图　　　　　　　　(b)侧视图

图1-41　托甫台—牧场北断裂带中南段空间展布特征俯视和侧视图

　　TP12CX走滑断裂带不仅在平面展布上形态具有明显的分段差异性，而且在垂向上和空间展布方面也具有明显的分段和分层差异性。由图1-42可见，在平面展布上，目的层的主干走滑断裂呈波浪起伏的带状，而且断裂向上断穿的高度或断达的位置也呈高低起伏状，表现出明显的差异活动特征，其成因主要与该区局部力学特征、岩性、先期断裂情况等有关。从垂向看，托甫台—牧场北断裂带呈现出明显的分层差异活动特征，特别是在古生代地层和中新生代地层间的断裂发育特征差异显著，古生代地层中断裂呈较完整统一的线状展布，而中新生代地层中断裂呈分散的雁列展布，其成因主要与断裂活动的分期性、继承性以及上下地层岩性差异和中间发育的膏泥盐等特殊地层有关。

　　2）顺北5号走滑断裂带

　　顺北5号断裂带发育于顺北一区中部，研究区内具体位于顺8工区中部和顺8北工区东部（图1-43），该巨型走滑断裂带大致呈南北向展布，在研究区范围内，其南段呈南北向平直展布，而北段则呈北北西向展布，在中部呈现出弧形过渡特征。该典型走滑断裂带平面特征包括：①整体呈北北西向弧形展布；②T_7^4界面以下呈线型带状展布，T_7^0界面呈雁列式展布；③小断裂组成在平面多呈左阶式排列；④东侧发育多条雁列伴生断裂构造带（图1-44）。

　　可见，顺北5号断裂带一系列小断裂主要呈左阶式展布，在关键构造变革期的右行剪切应力作用下，主要发育压扭构造，而在平直段则主要表现为纯走滑构造，相对 TP12CX 走滑断裂带而言，顺北 5 号断裂带的规律性较强，主要为在"右行左阶"机制下的压扭和纯走滑构造变形。此外，由于平直段局部也存在小规模的弯曲等现象，因此在平直段的局部地区也有部分微弱的张扭或压扭构造变形特征，而在断裂分期活动特征方面，顺北 5 号断裂带多期差异活动特征明显，主要表现为加里东中期 I 幕的压扭/走滑、加里东中期 III 幕的继承性压扭以及加里东晚期—华力西早期的走滑负反转（图 1-45）。

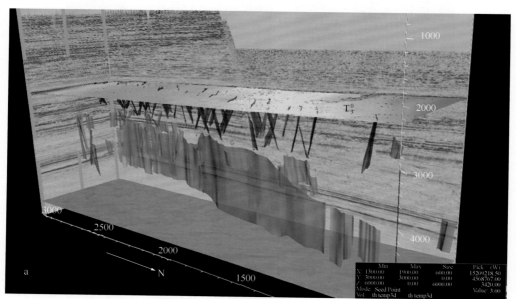

(a)垂向展布

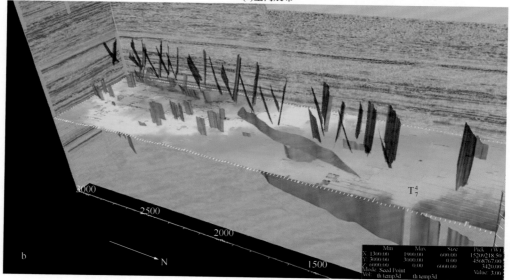

(b)空间展布

图 1-42　托甫台—牧场北断裂带垂向及空间展布特征侧视图

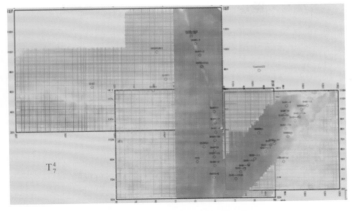

图 1-43　顺北地区 5 号走滑断裂带展布特征图

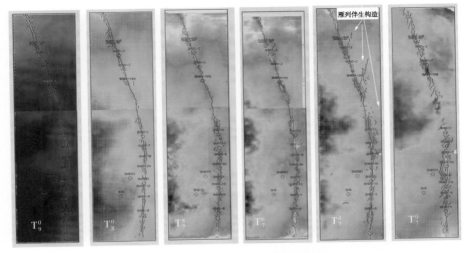

图 1-44　顺北地区 5 号走滑断裂带主要界面断裂体系分布图

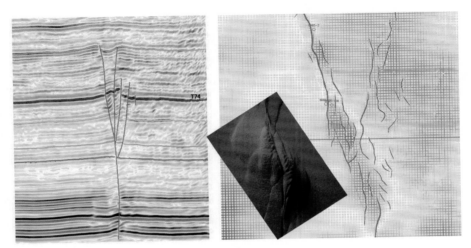

图 1-45　顺北地区 5 号走滑断裂带压扭、纯走滑变形特征及机制图

3）顺北1号走滑断裂带

顺北1号断裂带发育于顺北工区中部，该大型走滑断裂带平面上总体呈北东走向，由多条次级小断裂组成，各次级断裂交接关系多样，包括侧接、斜列式、首尾相连等类型（图1-46）。此外，在顺北1号断裂带两侧还发育了一系列小型断裂，走向有北北西向、南北向、北东向等，部分断裂与顺北1号断裂呈高角度相交，如SB1-1号井、SB1-3号井、SB1-6号井等。

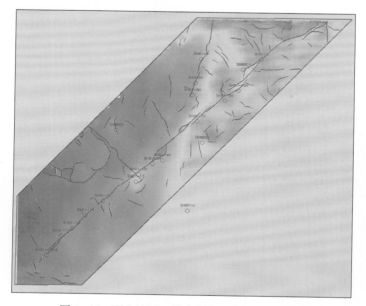

图1-46　顺北地区1号走滑断裂带展布特征图

图1-47　顺北地区1号走滑断裂带T_6^0界面
雁列展布特征图

相比顺北5号断裂带而言，顺北1号断裂带次级断裂的规模较大，而次级断裂发育的数量明显少于5号断裂带，断裂带破碎程度不及顺北5号断裂带强。此外，与顺北5号断裂带相似，顺北1号走滑断裂带的平面特征在垂向上也具有明显的分层差异性，在T_7^4界面及其以下，断裂带的线形特征比较明显；而在T_7^0界面以上，断裂带呈现明显的雁列展布特征，该类雁列式断裂展布特征在T_6^0界面尤其明显（图1-47）。

顺北1号走滑断裂带的形成演化受塔里木盆地构造演化区域动力背景控制，经历了加里东、华力西、印支、燕山及喜马拉雅期多期次伸展—挤压构造旋回，因此其成因演化极其复杂和漫长。其中，加里东中期 I 幕(T_7^4 界面关键构造变革期)对顺北 1 号断裂带以及塔中北坡的诸多走滑断裂带具有关键作用，为一系列走滑断裂的关键形成时期，由于地质体的非均质性，大型走滑断裂往往会发生弯曲和分段(首尾相接或侧接)，因而大型走滑断裂常常表现为由一系列次级断裂组成。顺北 1 号断裂带同样如此，由多条次级断裂组成，从而形成断裂弯曲部位和叠接带等交接关系，在加里东中期 I 幕塔里木盆地近南北向区域挤压应力作用下，顺北 1 号断裂带发生左行走滑，进而导致断裂带发生分段差异活动，形成"弯曲效应"或"左行左阶"张扭段、"弯曲效应"或"左行右阶"压扭段以及平直展布的纯走滑段(图1-48)，后经历了多期张扭性或压扭性叠加改造并最终形成现今的断裂构造格局。

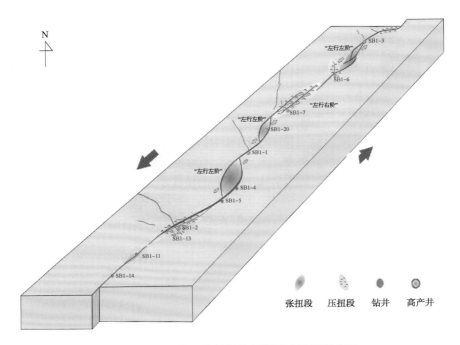

图 1-48　顺北 1 号断裂带走滑活动特征模式图

2 断溶体油藏精细描述

断溶体油藏发育模式多样，储集体发育规律及内部认识难度大，采用多学科联合、地上地下结合、井震结合、动静结合，形成了断溶体油藏"五定"描述方法(图2-1)。

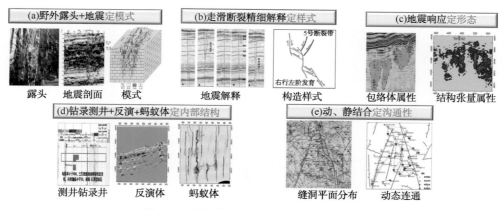

图2-1　断溶体油藏"五定"描述方法流程

2.1　野外露头+地震定模式

基于野外露头观察和测量，揭示了断溶体发育规律，指导断溶体地质模式的建立。

2.1.1　大型断层控制地形，并控制岩溶带发育

新漕泊为大型断裂，峡谷地貌两侧发育岩溶带，由大型天坑、岩溶洼地、落水洞、岩溶漏斗、地下河与溶洞等组成。其中，大型溶洞就有白龙洞、海棠洞、献花岩与禹皇洞等，海棠洞洞内空间的体积在 $15×10^4 m^3$ 以上(图2-2)。

2.1.2　断裂密集处岩溶最大

(1)郴州万华岩四个方向(北北东、北东、北北西、北西)断裂的交汇方向上，断裂密集，主要控制大型溶洞、大型天坑、大型地下河的发育。

(2)常宁庙前石马山位于北北东向断裂将北北西向断裂带切割错断的部位，断裂数量相对少，主要控制地表岩溶现象以及中小型溶洞的发育。

(3)攸县酒埠江皮佳洞位于北东向断裂带受北西向断裂切割限制的部位，断裂密集，发育大型的三层溶洞与地下河。

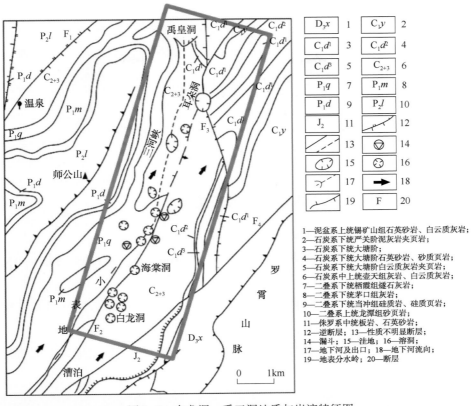

图 2-2 白龙洞—禹王洞地质与岩溶特征图

Legend items:

D_3x	1	C_1y	2
C_1d^1	3	C_1d^2	4
C_1d^3	5	C_{2+3}	6
P_1q	7	P_1m	8
P_1d	9	P_2l	10
J_2	11		12
	13		14
	15		16
	17		18
	19	F	20

1—泥盆系上统锡矿山组石英砂岩、白云质灰岩；
2—石炭系下统严关阶泥灰岩夹页岩；
3—石炭系下统大塘阶；
4—石炭系下统大塘阶石英砂岩、砂质页岩；
5—石炭系下统大塘阶白云质灰岩夹页岩；
6—石炭系中上统壶天组灰岩、白云质灰岩；
7—二叠系下统栖霞组燧石灰岩；
8—二叠系下统茅口组灰岩；
9—二叠系下统当冲组硅质岩、硅质页岩；
10—二叠系上统龙潭组砂页岩；
11—侏罗系中统板岩、石英砂岩；
12—逆断层；13—性质不明显断层；
14—漏斗；15—洼地；16—溶洞；
17—地下河及出口；18—地下河流向；
19—地表分水岭；20—断层

（4）涟源湄江观音岩（莲花涌泉）位于北东向断裂旁侧，且 f_1、f_2、f_3 呈雁列式组合的部位，断裂数量少，主要反映了涌泉与地下河（图 2-3）。

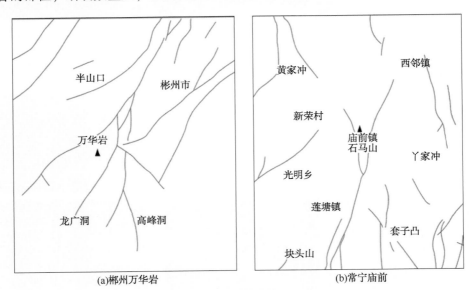

(a)郴州万华岩　　　　　(b)常宁庙前

图 2-3　岩溶区的主要断裂的分布

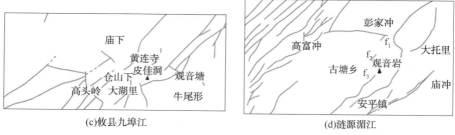

图 2-3　岩溶区的主要断裂的分布(续)

2.1.3　多组断裂控制地下大型岩溶带的发育

（1）大型裂缝是断裂的重要表现形式之一。

（2）慈利龙王洞内见多组（大型）裂缝（40°～60°、80°～110°、145°～150°、170°～200°、240°～290°）。

（3）在慈利龙王洞内共测得裂缝 402 条，溶洞宽度与裂缝总量具明显正相关关系。

（4）龙王洞与灰帽洞、大山岩基本位于同一条直线上，它们组成地下大型岩溶带（图 2-4）。

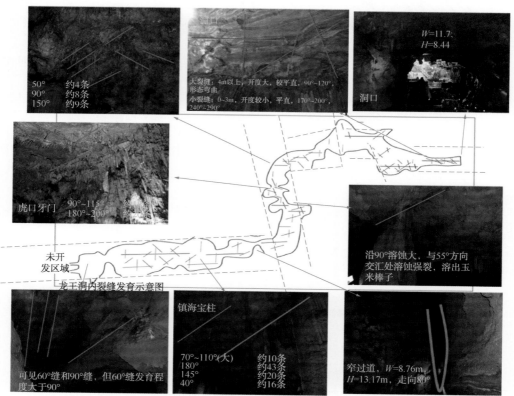

图 2-4　龙王洞溶洞裂缝组合关系

2.1.4 纵向交叉断裂与破碎层控制岩溶发育点

（1）新化梅山龙宫、新邵白水洞、凤凰苗人谷、凤凰奇梁洞，均位于纵向断层交叉的部位。

（2）纵向断层交叉的部位易于出现构造破碎现象，有利于溶洞的发育。

（3）纵向断层交叉的部位易于出现上覆地质体的重压叠覆，易于出现溶洞的保存条件（图2-5）。

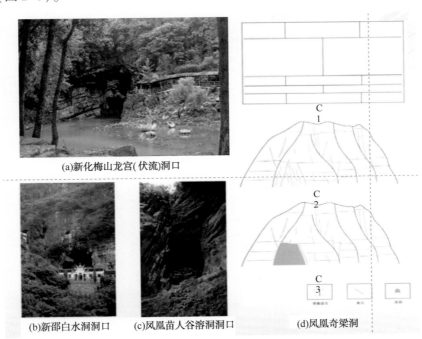

(a)新化梅山龙宫(伏流)洞口

(b)新邵白水洞洞口　　(c)凤凰苗人谷溶洞洞口　　(d)凤凰奇梁洞

图2-5　断裂交叉处溶洞

2.1.5 断控岩溶具有多层结构

上层［图2-6（a）］主要表达为地表岩溶现象与出露在地表的（无底洞、月光岩、九曲九门洞）洞口，地表岩溶现象为断溶谷和规模不等的溶缝带等。地表水在断溶谷的流动趋势下流入（锡金洞）洞内，并在晴雨泉流出。

中层［图2-6（b）］主要表达为锡金洞及断溶谷向地下的延伸的情况。地下水在锡金洞中的流动趋势为南东向，并在南东端进一步流向下层。地下水在地下的断溶谷中的流动趋势为向晴雨泉流动，并向下渗流。

下层［图2-6（c）］主要示断溶谷进一步向地下深处延伸的情况。地下水在下层断溶谷深处中的流动趋势为向晴雨泉汇聚。

2.1.6 压性、张性断裂的控制作用

（1）压性断层上升盘的逆冲作用常会引起逆冲前缘的褶皱，如断展褶皱在

长轴背斜型构造的转折端处，会出现规模不一的纵张裂缝，从而易于出现岩溶现象。

（2）张性断层断面通常较陡，且由于受到拉张作用，断层开度大，易于形成纵向表生岩溶作用。结合地震剖面，建立了断溶体地质模式，不同应力段的地质模式不同（图2-7）。

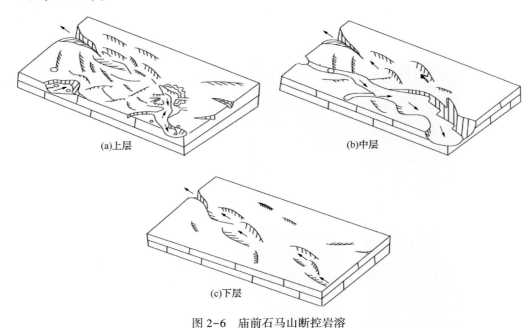

(a)上层　　　　　　　　　　　　(b)中层

(c)下层

图 2-6　庙前石马山断控岩溶

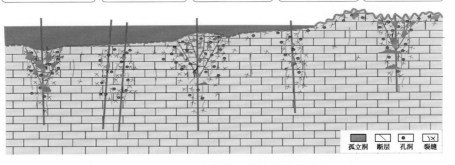

图 2-7　不同应力条件下断溶体发育模式

2.2　走滑断裂精细解释定样式

顺北走滑断裂解释难度大，特别是断距较小的中小型走滑断裂的识别难度更大。

本书采用走滑断裂主要识别标志：破碎带、串珠、顶部上凸、顶部下凹、地层产状变化等（图2-8），精细解释断裂，确定走滑断裂样式。

走滑断层其他识别标志有：①断面陡直；②线性延伸或带状展布，窄变形带；③花状构造（正花状和负花状）；④断层两侧地层厚度、产状等不协调；⑤雁列状断层组和帚状断层组；⑥拉分地堑或压扭隆起；⑦"海豚效应"或"丝带效应"；⑧走滑构造带内部构造和夹块；⑨两侧地质界线水平错开；⑩沉积物和物源区错位、沉积中心迁移。

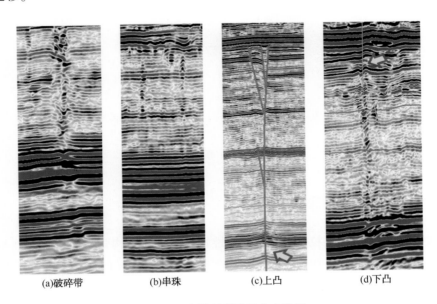

(a)破碎带   (b)串珠   (c)上凸   (d)下凸

图2-8　走滑断裂地震响应特征

顺北1断裂带发育于加里东中期Ⅰ幕的左旋走滑断裂带，后期经历多期继承或转扭活动，由于断裂弯曲效应或侧接效应，断裂特征分段差异性明显（图2-9）；发育纯走滑段、张扭段及压扭段，大致可划分出10段（图2-10）。

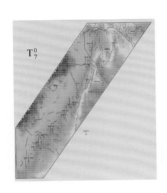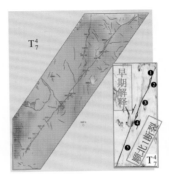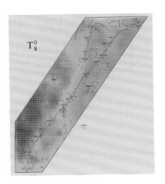

图2-9　顺北1断裂带平面特征

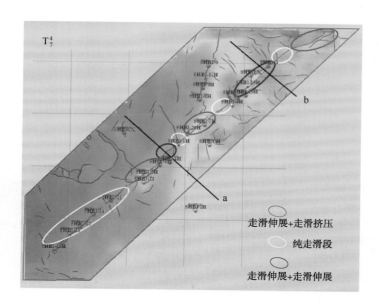

图 2-10　SHB1 断裂带应力段

2.3　地震响应定形态

　　根据走滑断裂压扭、拉分、剪切分段性特征，基于结构张量、相干属性与储集体对应关系，从剖面和平面描述断溶体外部形态轮廓（图 2-11）。

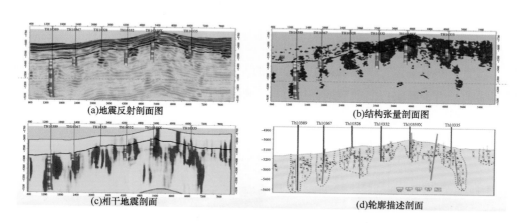

图 2-11　断溶体轮廓描述

2.4　钻录测井+反演+蚂蚁体定内部结构

　　基于原始地震数据，结合有色反演、波阻抗反演和曲率蚂蚁体刻画断溶体内部不同类型储集体组合的分布（图 2-12）。

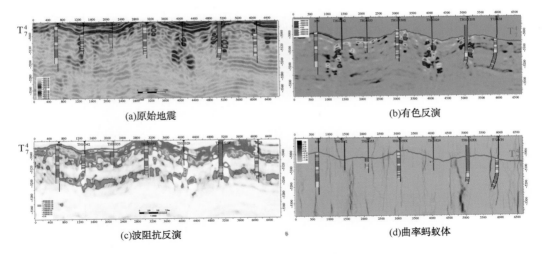

(a)原始地震

(b)有色反演

(c)波阻抗反演

(d)曲率蚂蚁体

图 2-12　断溶体内部结构描述

2.5　动、静结合定连通性

静态与动态结合，通过示踪剂分析单元连通特征（图 2-13、图 3-14）。

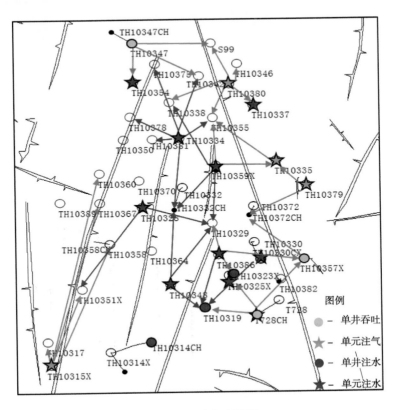

图 2-13　动态连通图

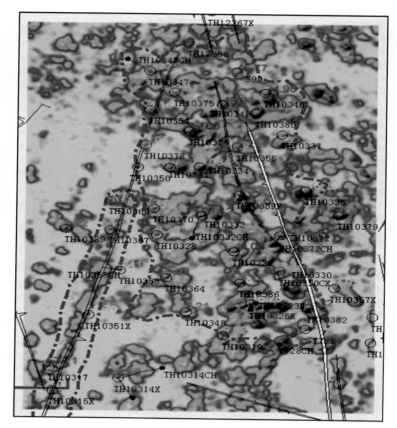

图 2-14　静态连通图

3 断溶体油藏地质建模技术

3.1 断溶体油藏地质建模方法

基于断溶体油藏描述成果，建立"分层次约束，逐级建模"的方法，按断裂系统、层面模型、轮廓、内部结构、属性逐次顺序建模。首先，依据解释的断裂和蚂蚁体自动追踪技术建立断裂系统模型；其次，基于解释的关键层面建立构造层面模型；第三，基于结构张量、包络体等地震属性对断溶体轮廓的刻画，确定性建立断溶体轮廓模型；第四，基于溶洞、裂缝孔洞地震预测和描述成果，建立断溶体内部结构模型；第五，在断溶体内部结构储集体模型基础上，采用相控属性建模方法建立属性模型；最后，通过"同位赋值"融合方法，将溶洞、裂缝—孔洞、裂缝融合成地质模型。具体技术路线如图 3-1 所示。

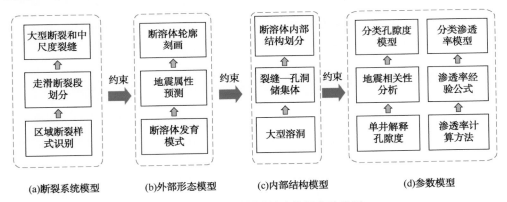

图 3-1   断溶体油藏地质建模技术路线图

3.1.1 断裂系统建模

断裂系统模型指断裂模型和中尺度裂缝模型。断裂是采用"小滑移距"走滑断裂解析方法的解释成果，确定性建立断裂模型。中尺度裂缝指利用地震曲率法、地震相干分析法、蚂蚁体等属性识别的裂缝，以断裂为约束，去除与断裂方位、倾角、倾向和位置一致的断层片，确定性建立中尺度裂缝模型，与断裂模型共同构成断裂系统模型。

3.1.2 层面模型及网格确定

以地震解释的主要层面数据为基础，基于井上分层数据调整和约束，建立层面模型，并根据主断裂走向确定 x、y 网格方向。

3.1.3 断溶体轮廓建模

基于轮廓描述确立的地震属性及阈值，采用确定性方法建立断溶体轮廓基础模型，对于没有包含在轮廓体内的井，采用波阻抗差等地震属性补充，建立更加完善的轮廓模型。

3.1.4 断溶体内部结构建模

断溶体油气藏内部结构模型包括溶洞模型、裂缝—孔洞模型。

（1）大型溶洞离散分布模型建立（溶洞与洞穴的关系）：利用单井放空段、漏失段与地震波阻抗反演、地震分频能量、波阻抗差等地震属性进行对比，选取符合度高的地震属性，一般选择波阻抗差等地震属性。确定溶洞储集体的地震属性阈值，基于断溶体轮廓模型约束建立溶洞模型。

（2）裂缝—孔洞储集体分布模型：利用单井放空段、漏失段与结构张量、振幅谱梯度等地震属性进行对比，选取符合度高的地震属性。在断溶体轮廓模型约束基础上，确立溶洞和裂缝—孔储集体的地震属性阈值，去除溶洞储集体，剩余的作为裂缝—孔洞储集体，采取确定性方法建立裂缝—孔洞模型。

3.1.5 断溶体属性建模

首先建立大型溶洞、裂缝—孔洞属性模型，之后建立裂缝属性模型。属性模型包括孔隙度模型和渗透率模型。大型溶洞、裂缝—孔洞属性模型建立是依据"岩溶相控"属性建模的思路，在井点属性基础上，以井控动态储量和波阻抗孔隙度为约束，采用序贯高斯模拟的方法建立孔隙度属性模型；渗透率模型以试井解释渗透率为约束，基于孔渗经验公式计算得到渗透率模型。大—中尺度裂缝属性模型建立是基于裂缝开度的孔渗等效方法，以岩芯、成像和试井为控制，建立裂缝属性模型。

1）溶洞和裂缝—孔洞属性模型

（1）井点孔隙度：对于有测井解释的部分（主要为溶孔）采用测井解释成果，没有测井解释的井段（放空段、漏失井段）采用动态标定方法，即利用累计产油与孔隙度交会图对放空、漏失井段赋值。

（2）井间孔隙度约束体：以井控动态储量和波阻抗属性为基础，建立井间孔隙度约束体。

（3）孔隙度模型建立：以储集体分布模型为"岩溶相控"条件，在单井孔隙度属性基础上，以井间孔隙度约束体为控制，采用序贯高斯模拟的方法建立溶洞和裂缝—孔洞孔隙度模型。

（4）渗透率模型：以单井试井解释为约束，在孔隙度模型的约束下，基于孔渗经验公式计算得到溶洞和裂缝—孔洞渗透率模型。

2）裂缝属性模型

基于成像测井和岩芯，描述并统计裂缝张开度，确定各井各段的裂缝开度，建立离散裂缝开度模型，基于立方定律计算出离散裂缝渗透率模型。裂缝网格模型（离散裂缝等效到网格内）孔隙度等于网格内离散裂缝体积除以网格体积，采用张量分解得到三个方向渗透率。

3.1.6 断溶体融合模型

1）储集体类型融合

"同位赋值"融合方法，即每个网格只有一种储集体类型，按照"溶洞优先、断裂次之，裂缝—孔洞最后"的融合原则，赋给每个网格唯一的储集体类型，形成断溶体储集体模型。

2）属性融合

断溶体属性融合原则，采用孔隙度求和、渗透率取最大值的方法，融合形成属性融合模型。

3.2 典型单元地质建模

塔河油田 S99 单元位于塔河 10 区西部，单元能量充足，单元构造总体表现为东高西低的特征，被北东、北西向两条深大断裂夹持，在北部相交共轭（图 3-2）。包含 2 个单元：S99、TH10315X，共 47 口井，其中注水井 5 口、注气井 4 口、开井数 33 口，单元日产油 780m³、日产气 2000m³，综合含水率 19%（图 3-3）。含油层为奥陶系一间房组和鹰山组，主要为一间房组，地质储量 2062×10⁴t，标定采收率 31.4%。

3.2.1 断裂系统建模

1）断裂模型

S99 单元构造解释断裂有 13 条，主要分为北东向（NE）、北西向（NW）和南北向（NS）3 个组系，利用调整断裂的组合关系，利用确定性方法建立断裂模型。

2）中尺度裂缝模型

中尺度裂缝指在地震上有响应，但人工解释比较困难的小断裂，可以通过蚂蚁体等技术手段识别。

蚂蚁体检测技术的原理是将大量电子蚂蚁散播在地震数据体中，发现满足预设断裂条件的蚂蚁会将此点判定为断裂痕迹并"释放"某种信号，召集其他区域的蚂蚁集中在该断裂处对其进行追踪，直到完成该断裂的追踪与识别，而其他不满足断裂

图 3-2 T₇⁴断裂与能量叠合图

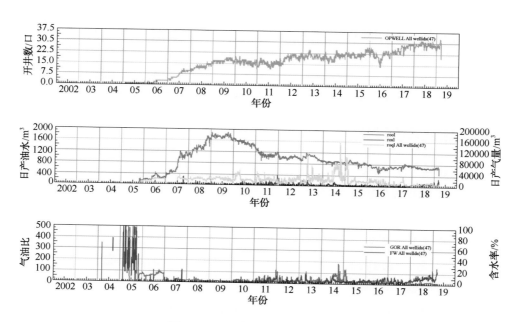

图 3-3 S99 单元开发现状曲线图

条件的地方将不进行裂缝标注。蚂蚁体检测技术包括以下步骤：①地震资料预处理，利用中值滤波、构造导向滤波等手段对地震资料进行预处理，滤除噪声；②边缘检测技术，提取混沌体、方差体、相干体等属性，对原始地震资料进行边缘增强处理，突出数据体中的不连续性信息；③边缘增强，提取属性体，在上一步生成属性体的基础上提取边缘增强属性，在此基础上控制蚂蚁搜索的方位与倾角，设置关键参数，生成蚂蚁追踪属性体。

由于研究区发育大量由多期构造运动产生的高角度的裂缝带，为此改进蚂蚁体追踪算法，引入与构造裂缝相关的曲率数据作为输入数据，进而提高检测高角度裂缝带效果。以蚂蚁体为代表预测次级断裂方法引入的数据都是相干属性，而相干属性对反射振幅和波形都敏感，受干扰因素多。我们考虑引入不受反射振幅和波形影响的体曲率属性来改进蚂蚁体追踪，进而更好地预测次级断裂。因为体曲率体只计算同相轴的形变程度，对反射振幅和异常能量不敏感，其对挠曲（没断开）、褶皱等横向变形更敏感，这些都是相干无法识别的次级断裂和裂缝带，改进蚂蚁体提取流程可提高次级断裂识别效果。

利用曲率蚂蚁体预测了 S99 单元的中小级别裂缝带，裂缝带基本上均为高角度裂缝带。高产井多数出现放空、漏失的钻井处于通源裂缝带上，曲率蚂蚁体预测结果与放空、漏失段基本吻合，不同走向断裂交汇处漏失现象越明显、漏失量越大（图 3-4）。在 S99 单元内北东向、北西向和近南北向断裂带中小级别裂缝带发育，高产井处于多条裂缝带交汇处，其对应的放空漏失现象更明显。

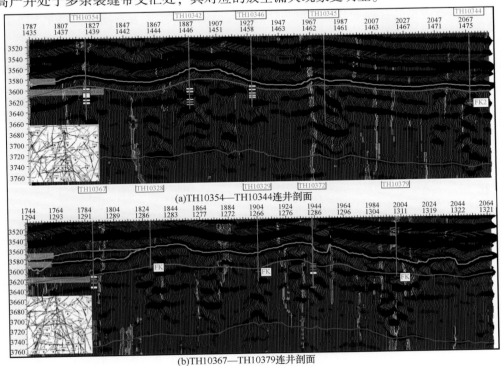

(a)TH10354—TH10344连井剖面

(b)TH10367—TH10379连井剖面

图 3-4　过 TH10354—TH10344 和 TH10367—TH10379 连井剖面的曲率蚂蚁体预测图

在蚂蚁体提取基础上，通过自动提取断层片，提取小尺度断裂298条，与解释的断层对比，交互补充和修正，共180条，建立中尺度裂缝模型，与断裂模型共同构成断裂系统模型（图3-5）。

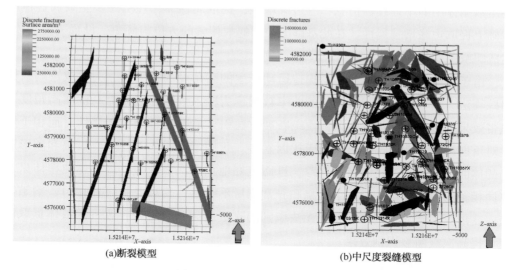

| (a)断裂模型 | (b)中尺度裂缝模型 |

图3-5　S99单元断裂系统模型

3.2.2　层面模型和网格划分

TH10389为S99单元评价井，钻井较深，本次层面构建时，在测井、地震及油藏描述研究成果的基础上，基于单井钻遇深度及储集体主要发育层段，以 T_7^4 和 T_7^4 +380 面为顶、底，T_7^4+60、T_7^4+120、T_7^4+240 将油藏分布为4个储集体发育层，以此建立S99单元层面模型。网格的划分采用平面 15×15m；在第1层采用2m网格；在第2、3层采用3m网格；第四层采用6m；第5层采用14m。总网格数达到20835360个，以北东向断裂为网格主方向（图3-6）。

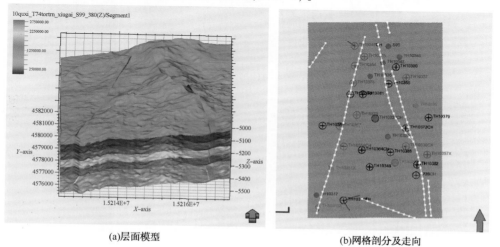

| (a)层面模型 | (b)网格剖分及走向 |

图3-6　S99单元层面模型及网格划分图

3.2.3　轮廓模型

基于断溶体轮廓剖面和平面描述成果，通过地震属性优选，确立断溶体边界张量大于 2，相干小于 31500，采用确定性方法建立了断溶体外部轮廓模型（图 3-7）。

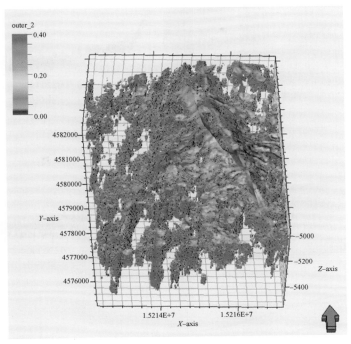

图 3-7　S99 单元轮廓模型

3.2.4　内部结构模型

1）储集体预测

S99 井区缝洞储集体主要受控于 S99 井区深大断裂，由于 T_7^4 顶面强反射影响，压制了 T_7^4 顶面附近发育的缝洞储集体地震响应，阻抗反演无法识别其对应的储集体，为此引入有色反演方法预测 S99 井区缝洞储集体。

有色反演是一种频率域测井约束波阻抗反演方法，其核心是用地震的频谱和井的波阻抗频谱相匹配来完成反演，能够提高缝洞储集体识别效果。这种反演方法没有明显的子波提取过程，也不需要初始模型来约束，纵向分辨率比稀疏脉冲反演高，但比模型反演低。

有色反演基本步骤如下：①对井的波阻抗作谱分析；②对地震资料的波阻抗作谱分析；③在频率域设计匹配算子使地震的谱和井的波阻抗谱匹配；④施加匹配算子到地震数据，然后转换回时间域，完成地震有色反演。具体方法流程如图 3-8 所示，步骤③中绿线为平滑后的单井波阻抗能量分布曲线，蓝线为平滑后的地震道波阻抗能量分布曲线，红线为匹配算子能量分布曲线。其中，匹配算子的设置是有色反演的关键步骤，影响反演结果的好坏。

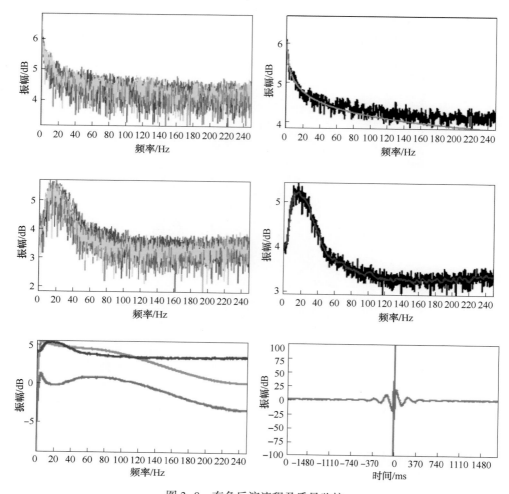

图 3-8　有色反演流程及质量监控

　　有色反演可快速将地震资料的界面信息转换为岩性信息，帮助了解储层特征的空间变化，为研究区预测有利目标提供依据。经过与合成记录标定对比发现，层控岩溶储层处于有色反演高异常数值。

　　从连井有色反演剖面的实际效果来看，有色反演和阻抗反演对大型缝洞储集体的识别预测效果一致，洞顶位置一致，但有色反演基本不受 T_7^4 上部地层强反射影响，储层分辨率比阻抗反演高（图 3-9）。该连井剖面上，高产井钻遇缝洞体顶面位置阻抗反演与有色反演结果一致，但横向上分布较小的储集体阻抗反演无法预测出来。TH10328 井自 T_7^4 面下钻遇一大型缝洞体，阻抗反演剖面上受 T_7^4 强轴压制影响，无法识别该井放空漏失井段缝洞，但有色反演剖面上可清晰识别该缝洞体位置（图 3-10）。

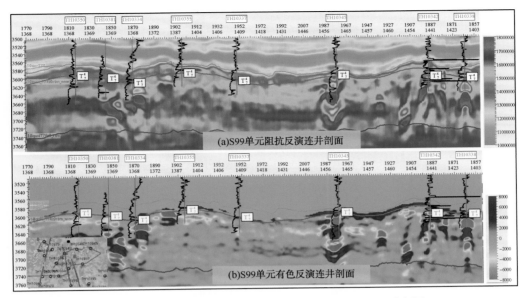

图 3-9　S99 单元高产井阻抗反演与有色反演效果对比分析图

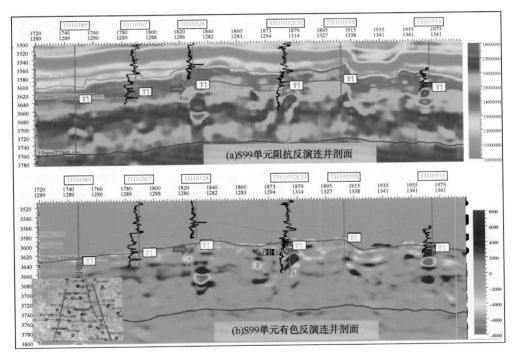

图 3-10　S99 单元东西向阻抗反演与有色反演效果对比分析图

2）储集体发育特征

（1）井点储集体发育特征。

S99 共有 31 口井有测井解释，包括外围井 3 口。依据测井解释，S99 单元的Ⅲ类储集体最为发育，Ⅱ类储集体次之（图 3-11）。

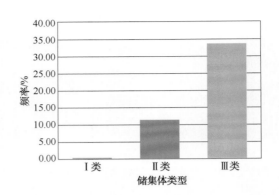

图 3-11　测井解释储集体类型统计直方图

S99 单元 47 口井中有 19 口井钻遇放空漏失，缝洞钻遇率较高（图 3-12）。

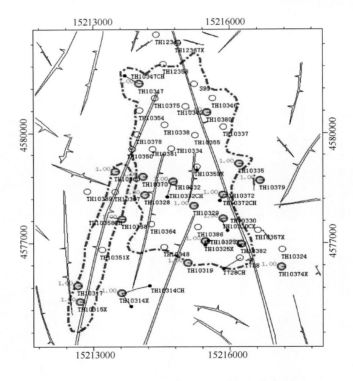

图 3-12　S99 单元钻井放空漏失平面分布图

（2）井间储集体发育特征。

基于地震结构张量定轮廓、相干和波阻抗（有色反演）地震属性看内部结构，结合测井从平面和剖面上分析储集体发育特征。

从预测平面和剖面图可以看出，断裂级别及走向控制储集体发育。大级别断裂，储集体发育范围窄且深，深部裂缝为主；中小级别断裂，浅部发育，较宽，缝洞为主。西部的北东向断裂南部储集体较发育，窄且深；东部的北西向断裂北深南浅，北部储集体发育（图3-13~图3-15）。

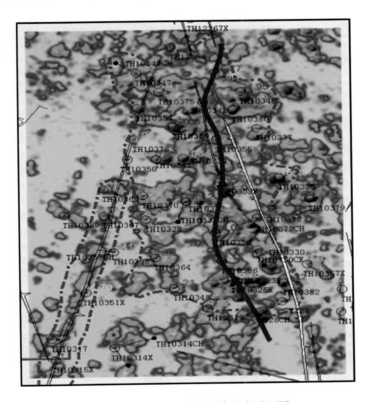

图3-13　结构张量预断溶体轮廓平面图

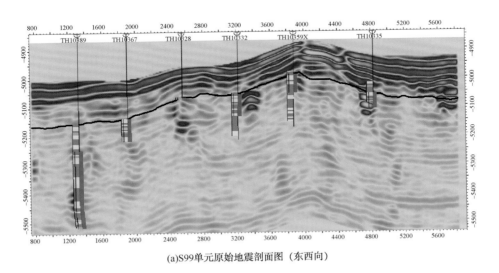

(a)S99单元原始地震剖面图（东西向）

图3-14　S99单元储集体发育剖面图（东西向）

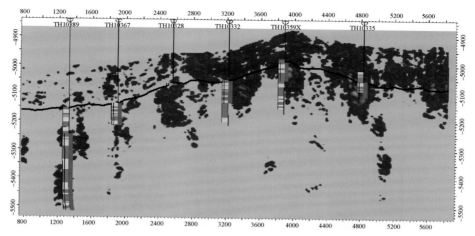

(b)S99单元结构张量预测断溶体轮廓剖面图（东西向）

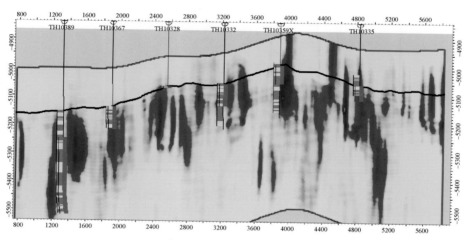

(c)S99单元相干裂缝发育剖面图（东西向）

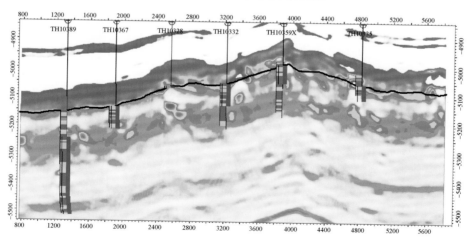

(d)S99单元波阻抗反演溶洞发育剖面图（东西向）

图 3-14　S99 单元储集体发育剖面图（东西向）（续）

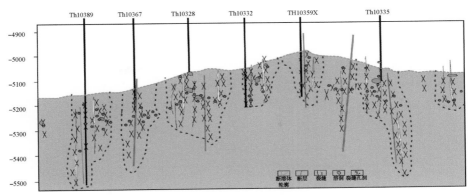

(e)S99单元储集体描述图（东西向）

图3-14　S99单元储集体发育剖面图（东西向）（续）

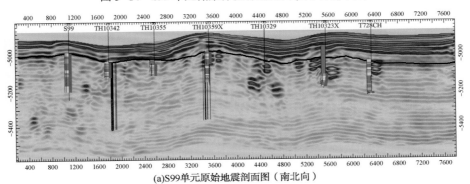

(a)S99单元原始地震剖面图（南北向）

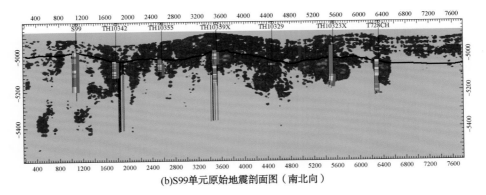

(b)S99单元原始地震剖面图（南北向）

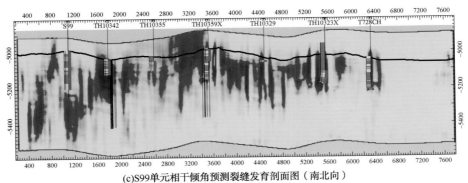

(c)S99单元相干倾角预测裂缝发育剖面图（南北向）

图3-15　S99单元储集体发育剖面图（南北向）

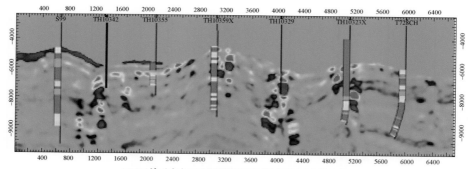

(d)S99单元有色反演预测溶洞发育剖面图（南北向）

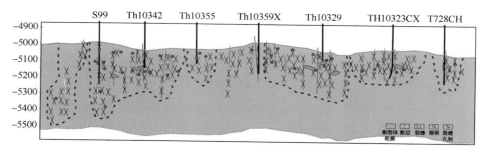

(e)S99单元储集体描述图（南北向）

图3-15　S99单元储集体发育剖面图（南北向）（续）

　　储集体深浅部皆发育，深部储集体主要集中在北西向断裂北部、北东向断裂南部和中部平行断裂叠接处（图3-16）。

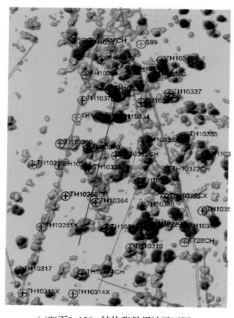

(a)T_7^4下0~120m结构张量累计平面图

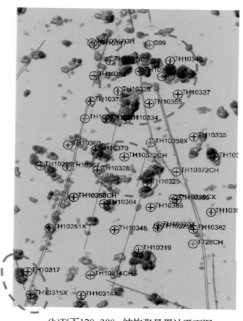

(b)T_7^4下120~380m结构张量累计平面图

图3-16　图3-8S99单元结构张量分段预测断溶体

3）溶洞储集体模型

结合 S99 缝洞单元溶洞分布特征及描述成果，优选波阻抗反演和有色反演，采用确定性建模方法建立大型溶洞储集体模型。建模过程中基于波阻抗反演和有色反演属性体，确立了溶洞与有色反演的对应关系（图 3-17），确立大型溶洞发育范围为有色反演值小于-3800 或大于 3800，以此为截断值，采用确定性建模方法建立大型溶洞储集体模型（图 3-18）。

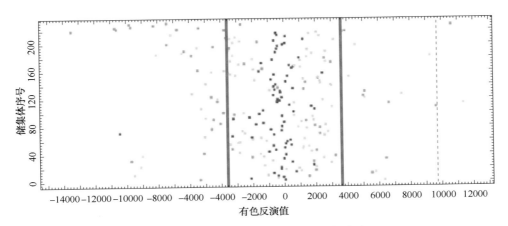

图 3-17　溶洞与有色反演的对应关系

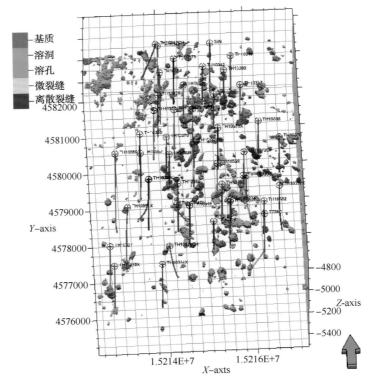

图 3-18　S99 单元溶洞模型

4）裂缝—孔洞储集体模型

对于断溶体油藏，裂缝—孔洞储集体的发育与断裂密切相关，为此需要结合断溶体油藏特点建立裂缝—孔洞和裂缝型储集体模型。总的建模思路是利用单井结合裂缝—孔洞储集体垂向发育特征和地震属性约束体协同模拟技术综合建模。井点上通过岩芯、测井及动态资料识别，井间通过地质统计学随机模拟的技术模拟。

在断裂带轮廓模型基础上，基于有色反演储集体预测成果，确立裂缝—孔洞发育范围主要分布大于 2000 和小于-2000 范围内（图 3-19），以此建立裂缝—孔洞储集体井间发育概率体（图 3-20）。

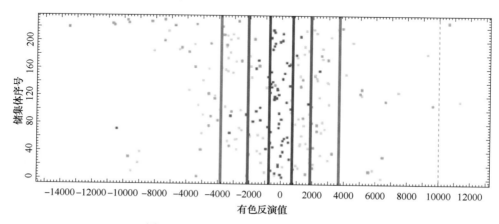

图 3-19　有色反演与储集体类型交会图

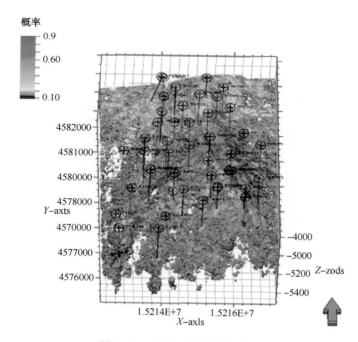

图 3-20　裂缝—孔洞概率模型

以单井发育储集体为硬数据（图3-21），垂向上裂缝—孔洞储集体分布为约束（图3-22），井间以发育概率体为约束，建立裂缝—孔洞储集体和裂缝型储集体（图3-23）。

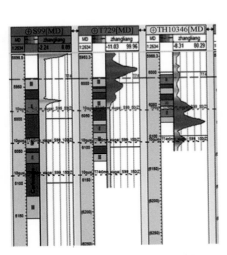

图3-21　单井储集体类型连井剖面

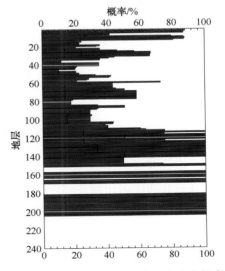

图3-22　裂缝—孔洞储集体垂向发育概率

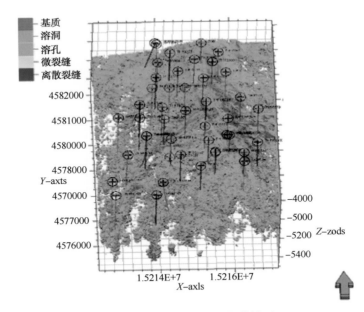

图3-23　裂缝—孔洞储集体模型

3.2.5　属性模型

在分别建立大型溶洞、裂缝—孔洞储集体及不同尺度裂缝分布模型的基础上，以岩溶相控或等效参数建模方法，建立不同类型储集体属性模拟。

1）溶洞和裂缝—孔洞储集体属性建模

在确定单井孔隙度的基础上，以溶洞、裂缝—孔洞储集体离散分布模型为"相控"条件，采用序贯高斯模拟的方法建立大型溶洞储集体属性参数模型，技术思路如图 3-24 所示。

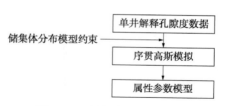

图 3-24 属性建模技术路线

（1）井点孔隙度。

对于井点孔隙度采用测井解释或赋值方法，有测井曲线部分采用测井曲线，放空漏失段采用动态赋值方法。放空漏失段为溶洞储集体发育段，以生产动态资料对无测井曲线或无合格测井曲线的溶洞段进行孔隙度赋值，组合单井常规测井解释孔隙度建立单井孔隙度数据；S99 单元共有 19 口井 19 个溶洞段，因为没有测井数据，依据生产动态对其孔隙度数值进行了标定（表 3-1）。

表 3-1 放空漏失井段孔隙度赋值表

井名	顶深/m	底深/m	累产油/m³	孔隙度/%	井名	顶深/m	底深/m	累产油/m³	孔隙度/%
TH10314CH	6193.82	6194.59	0.15	2	TH10347	5244.53	5244.8	2.77	10
TH10315X	6133.8	6144	10.84	20	TH10347CH	6295.84	6296.5	1.79	2
TH10317	6120.81	6130	57.71	60	TH10358CH	6168.56	6175	3.41	10
TH10319	6011	6070	9.32	20	TH10360	6101.01	6102.67	8.16	20
TH10325X	6168	6168.3	16.75	40	TH10364CH	6181.72	6193.18	0.7	2
TH10328	6024	6030.92	9.26	20	TH10372CH	6104.47	6135.75	0.82	2
TH10329	6011.1	6020.7	44	40	TH10379	6018	6021.4	0.97	2
TH10330CX	6241	6246	3.14	10	TH10380	6031.6	6033	1.36	2
TH10332CH	6287	6370	24.12	40	TH10382	6268.59	6368.32	0.22	2
TH10335	5985	5992.39	15.29	20					

（2）井间孔隙度约束体。

缝洞型油藏的缝洞储集体普遍发生不同程度的充填，充填程度对油井产能影响较大，也是控制缝洞体分隔性的重要因素。缝洞体充填在测井解释上很容易识别，但由于充填储集体与非充填储集体的地震响应差异小，导致缝洞体充填预测难度较大。

在测井曲线上高 GR 曲线形态特征代表了典型的缝洞体充填，对应的地震响应存在与之对应的属性特征。本书采用分频属性反演，依靠地震分频数据挖掘地层厚度和地震波形特征，将地震道波形与对砂泥敏感的 GR 曲线耦合建立映射关系，通过 BP 神经网络非线性反演预测缝洞体充填特征。预测流程包括：①分频层位标定，分频反演是在合成记录初标定的基础上，直接在不同频带的道积分剖面上依次标定；②地震分频属性提取，在地震剖面上追踪目的层段的顶底界面，随机抽取多条地震道进行频谱分析，掌握地震频带宽度、低频、主频、高截频等情况，设计分频参数，利用设计好的分频参数对地震数据进行分频，产生不同频段的数据体；③建立地震分频属性与测井资料非线性映射关系，分频属性提取后，接下来要用支持向量机（SVM）建立地震分频属性与测井资料非线性映射关系，利用支持向量机建立分频属性和目标之间的非线性关系。可进行多次学习，直到对反演结果满意为止（图 3-25）。

利用 GR 非线性分频反演技术成功预测了 S99 单元储集体砂泥高充填发育区，充填预测展布与充填严重导致低产的油井分布基本一致，全充填预测与测井解释吻合率为 89%，半充填预测与测井解释吻合率为 83%，未充填预测与测井解释吻合率为 75%（图 3-26）。

S99 单元储集体砂泥高充填发育段主要位于缝洞储集体底部，充填严重井段产能差，充填程度较低与高产井有对应关系。无产能井多钻遇充填缝洞体，高产井往往无充填或充填程度低（图 3-27）。以缝洞充填预测为井间孔隙度分布约束体，约束孔隙度建模。

（3）孔隙度模型。

依据相控属性建模思路，在储集体模型的约束控制下，以单井解释孔隙度为硬数据，在储集体模型和 GR 反演溶洞充填预测属性的约束下，使用序贯高斯模拟方法建立大型溶洞和裂缝—孔洞储集体孔隙度模型（图 3-28、图 3-29）。

（4）渗透率模型。

缝洞型碳酸盐岩储集体非均质性较强，并且储集体发育好的部位通常发生放空漏失，对于储集体渗透率模型，通过对比多种渗透率模型，拟合建立了缝洞储集体渗透率模型，在缝洞储集体孔隙度模型的约束下，建立储集体渗透率模型（图 3-30、图 3-31）。

$$K = 0.87 \times e^{0.4373 \times \phi} \quad 溶洞$$
$$K = 0.25 \times e^{0.8405 \times \phi} \quad 裂缝—孔洞$$

2）多尺度裂缝属性模型

（1）开度模型。

以成像测井和岩芯观察统计裂缝张开度为约束（图 3-32），并通过修改计算参数逼近统计结果，建立裂缝开度模型（图 3-33）。成像测井解释裂缝和岩芯观察统计得到裂缝平均宽度为 0.18mm，并以此作为裂缝建模开度建模的参考。

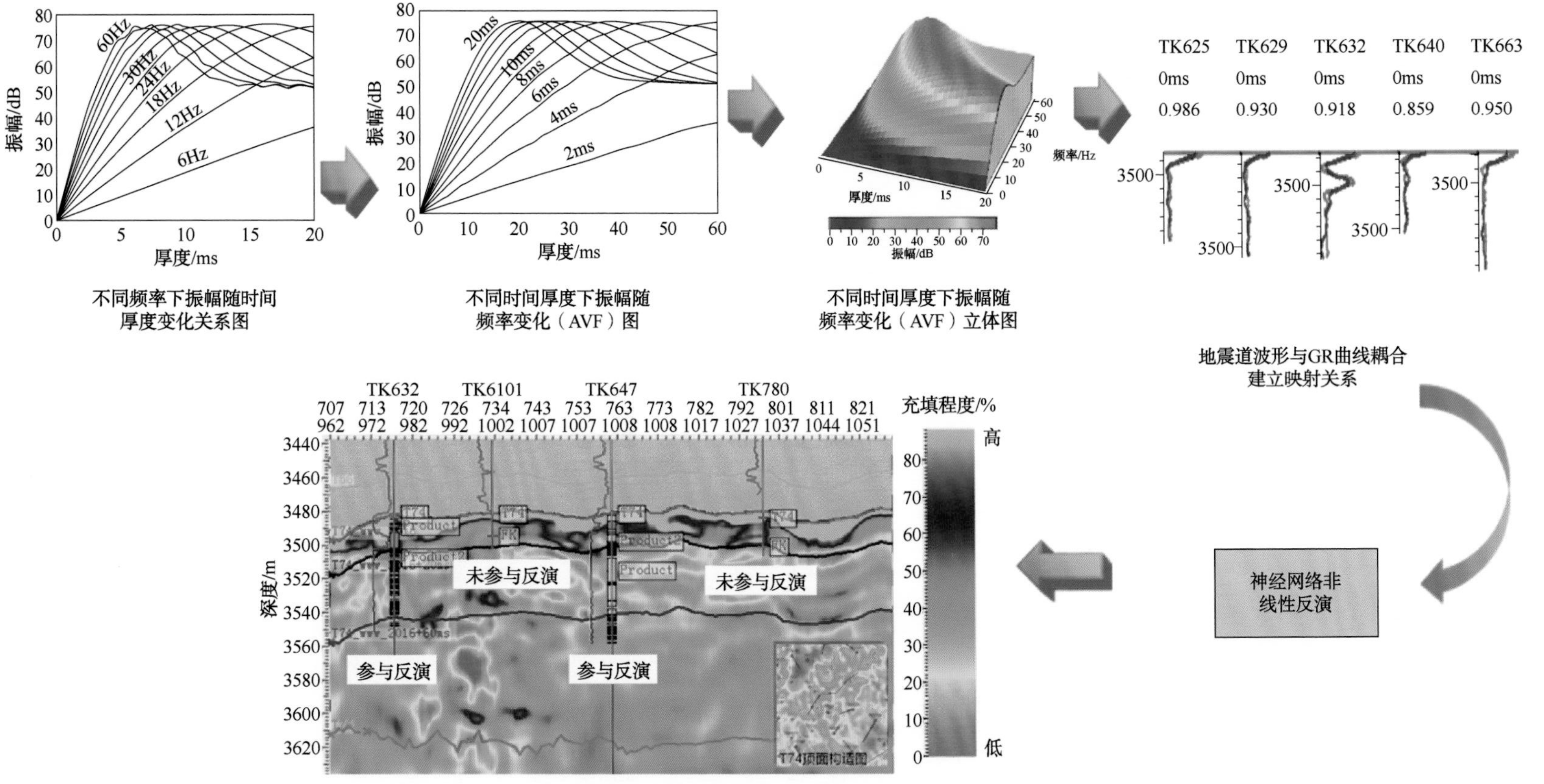

不同频率下振幅随时间厚度变化关系图

不同时间厚度下振幅随频率变化（AVF）图

不同时间厚度下振幅随频率变化（AVF）立体图

地震道波形与GR曲线耦合建立映射关系

神经网络非线性反演

GR分频反演预测缝洞体充填性质

图3-25　GR分频反演预测缝洞体充填性质

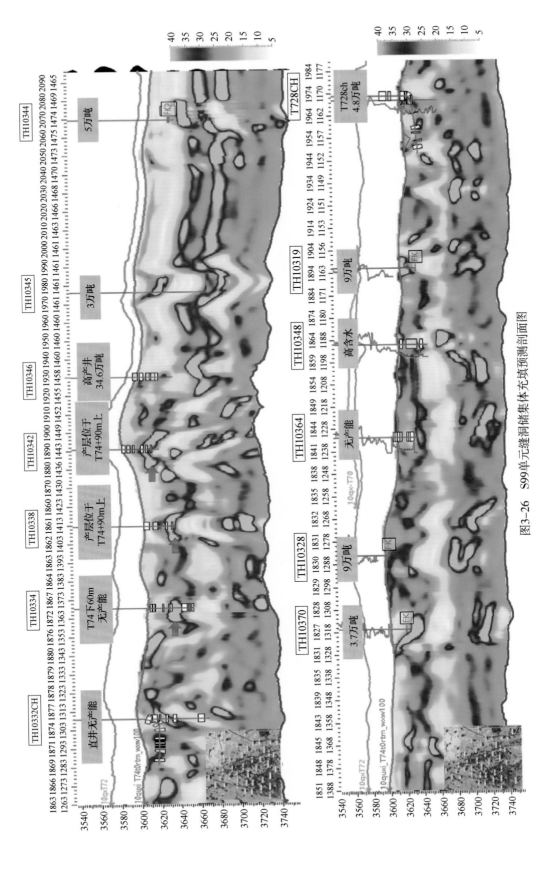

图3-26 S99单元缝洞集体无填预测剖面图

3　断溶体油藏地质建模技术

065

(a)S99单元奥陶系砂泥充填预测平面图

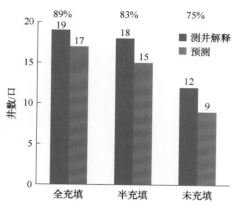

(b)GR非线性分频反演预测与实钻结果吻合率高

图 3-27　S99 单元缝洞储集体充填预测平面图

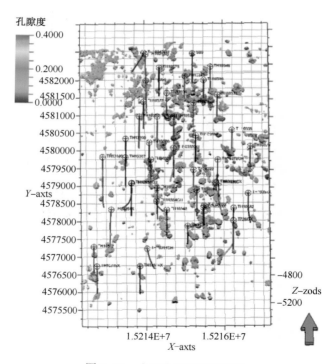

图 3-28　大型溶洞孔隙度模型

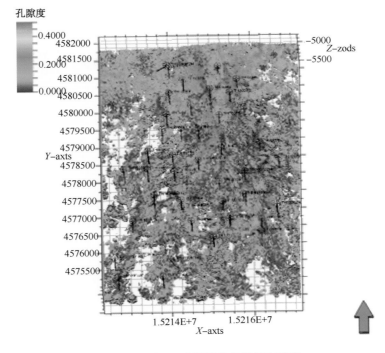

图3-29 裂缝—孔洞储集体孔隙度模型

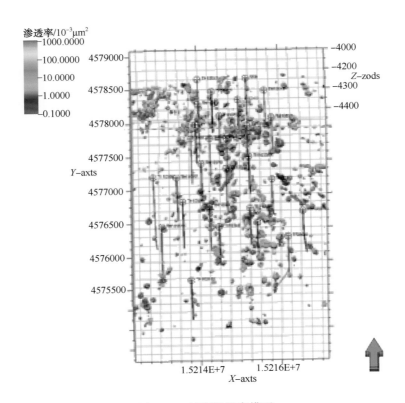

图3-30 溶洞渗透率模型

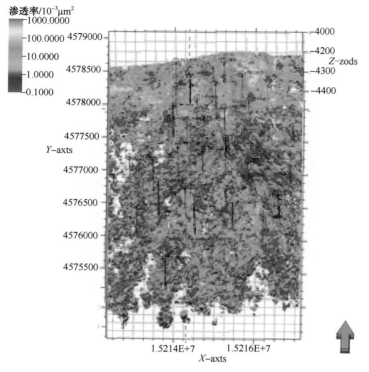

图3-31 裂缝—孔洞储集体渗透率模型

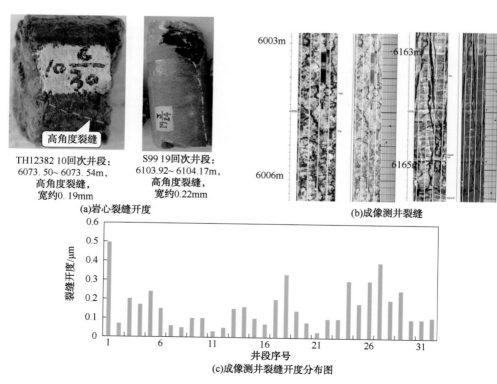

(a)岩心裂缝开度

TH12382 10回次井段：
6073.50~6073.54m，
高角度裂缝，
宽约0.19mm

S99 19回次井段：
6103.92~6104.17m，
高角度裂缝，
宽约0.22mm

(b)成像测井裂缝

(c)成像测井裂缝开度分布图

图3-32 岩芯、成像裂缝开度分析

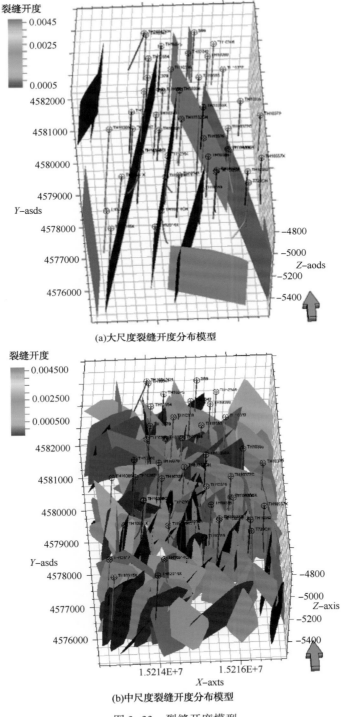

(a)大尺度裂缝开度分布模型

(b)中尺度裂缝开度分布模型

图 3-33　裂缝开度模型

（2）孔隙度和渗透率模型。

利用 Petrel 软件，采用基于离散裂缝网络模型的等效介质方法，在裂缝组系、长度、倾角、开度和传导率基础上求取裂缝等效孔隙度和等效渗透率张量，自动生成裂缝孔隙度、裂缝渗透率属性，建立裂缝型储集体得到裂缝孔隙度模型和 i、j、k 三个方向的裂缝渗透率模型（图 3-34、图 3-35）。

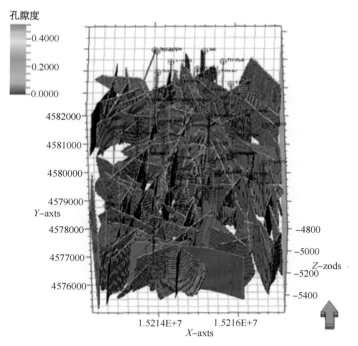

图 3-34　S99 单元裂缝孔隙度模型

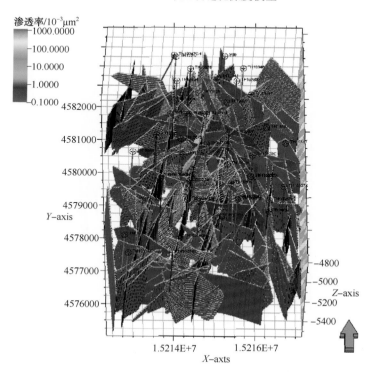

(a)裂缝 i 方向渗透率模型

图 3-35　S99 单元裂缝渗透率模型

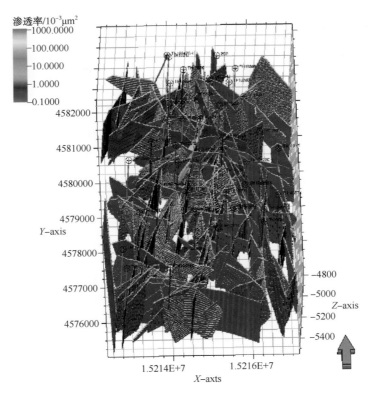

(b)裂缝 j 方向渗透率模型

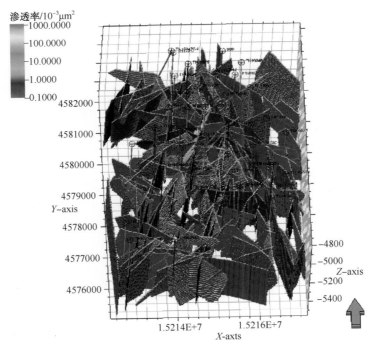

(c)裂缝 k 方向渗透率模型

图 3-35　S99 单元裂缝渗透率模型(续)

3.2.6 模型融合及储量计算

1) 模型融合

基于储集体融合方法, 融合形成三维地质模型。

2) 储量计算

依据自然完井和产层较深井的单井油水产出情况, 明确最大油底, 结合储集体发育, 推测油水界面。S99 单元内自然完井数 11 口, 含水率总体较低, TH10351X 井为酸压完井, 产能高, 含水率低, 推测油水界面深度为: 海拔 -5328m (表 3-2)。

表 3-2 确定油水界面单井基础资料

井名	完井方式	生产层段（垂深/m）	无水期/d	无水产油/10^4t	日期	累产		最大油底（垂深/海拔/m）	油水界面（海拔/m）
						产油/10^4t	含水/%		
TH10325X	自然完井（5960m）	6000~6174	3194	16.27	2001.3	16.75	0.82	6174/-5217	-5328
TH10351X	酸压完井（6287m）	6210~6287	1525	14.91	2011.11	16.7	0.3	6287/-5328	

根据确立的油水界面及单元含水饱和度 (0.2), 原油地层体积系数 (1.1) 和孔隙度模型, 再基于单元地质模型, 计算得到单元地质储量为 $3067×10^4$t。单元储量丰度图与单元单井累产油对比显示 (图 3-36), 丰度高的部位单井产量普遍较高, 与单井累产基本吻合。

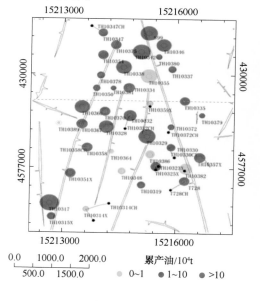

(a)S99单元单井累产油分布图

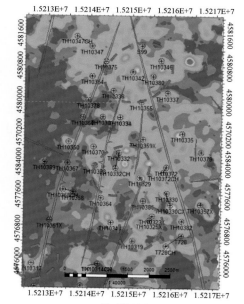

(b)S99单元储量丰度图

图 3-36 S99 单元单井累产与储量丰度对比图

4 断溶体油藏数值模拟技术

4.1 断溶体油藏数值模拟方法

断溶体油藏是由断裂控制的大尺度裂缝及次级小裂缝及溶孔组成，其中大尺度断裂对流动起重要作用，数值模拟中需考虑断裂的沟通作用。另外，断裂控制的有效连通体的体积是影响生产井产量及压力变化的关键，数值模拟时需通过调整有效连通体积确定生产井的物质基础。

4.1.1 模型准备

由地质建模获得连通体构造模型、储集体类型、孔隙度模型、渗透率模型。

4.1.2 模型选用

模型选用包括介质模型和流体模型的选用。

介质模型选用：根据模型中裂缝的尺度差异情况可选用单重介质或双重介质模型。

流体模型选用：根据实测压力数据获得原始地层压力；根据高压物性分析报告获得饱和压力；根据地饱压差确定油藏的饱和类型；根据方案预测的目的选用模型。顺北断溶体油藏地饱压差较大，天然能量开发阶段未造成地层脱气，若需要预测注水方案，可选用油水两相黑油模型，若需要预测注气方案，可选用组分模型。

4.1.3 油水界面数据

对于有产水井的区块，利用见水井最大油底作为油水界面，对于无产水井的区块，根据实测流温静温数据差推断油水界面。

4.1.4 流体 PVT 数据及岩石压缩系数

根据原油物性分析报告，地面原油密度取目标单元各井平均值。PVT 数据取连通体内第一口生产井的高压物性分析报告（表 4-1、表 4-2）。岩石压缩系数没有实测数据，可取储量报告或相关文献研究结果（顺北 1-2H 连通体取 $3.5 \times 10^{-4} \text{MPa}^{-1}$）。

表 4-1　地层温度(154.6℃)下的多次脱气数据

压力/MPa	溶解气油比/(m³/m³)	原油体积系数	原油密度/(g/cm³)	气体体积系数
84.15	—	1.9191	0.5799	—
31.36	322	2.2571	0.4930	—
26.00	214	1.8271	0.5548	0.00545
21.00	152	1.6102	0.5945	0.00656
16.00	107	1.4557	0.6283	0.00852
11.00	72	1.3620	0.6476	0.01247
6.00	38	1.2659	0.6708	0.02344
0.00	0	1.1515	0.6911	—
0.00(20℃)		1.0000	0.7958	

表 4-2　地层温度(154.6℃)下黏度数据

压力/MPa	原油黏度/mPa·s	气体计算黏度/mPa·s	油气黏度比
84.15	0.52	—	—
80.00	0.50	—	—
60.00	0.38	—	—
40.00	0.26	—	—
31.36	0.21	—	—
26.00	0.22	0.0211	10
21.00	0.26	0.0193	13
16.00	0.32	0.0177	18
11.00	0.40	0.0161	25
6.00	0.53	0.0149	36
0.00	0.81	—	—

4.1.5　相对渗透率

对于油水两相黑油模型，为准确拟合油井含水变化规律，根据储集体类型和溶洞充填情况，不同区域利用不同的相渗曲线。

未充填溶洞和大尺度裂缝，洞内流体重力分异速度快，流动形态类似于管流，采用未充填溶洞和大尺度裂缝油水相渗曲线。

充填溶洞、中小裂缝及溶孔区流动形态为渗流，与砂岩类似，采用充填溶洞、裂缝及溶孔区油水相渗曲线。

对于油气水三相黑油模型和组分模型，除了油水相渗曲线之外，还需要给出油气相渗。

以上相渗曲线由实验室测得。如没有实验数据，则选用相邻区块的相渗。

4.1.6 完井与措施

生产基础数据表结合井史整理得到表4-3。除完井方式和生产层段数据之外，还需要整理放空漏失井段和漏失量，作为调整参数时的参考依据。

表4-3 SHB1-1H、SHB1-2H 连通体生产层段数据表

井名	完钻及措施日期	生产层段/m	完井方式	放空漏失井段/m	漏失量/m³
SHB1-1H	2015年8月23日	7475~7613.05 斜/7475~7557.66 垂	自然完井	7613.05	244.96
SHB1-2H	2016年6月10日	7469~7778.11 斜/7469~7569.47 垂	自然完井	7777.7~7778.11（斜）/7481~7569.47（垂）	616
SHB1-4H	2016年7月5日	7459~8049.5 斜/7459~7561.96 垂	自然完井	8049.09~8049.50（斜）/7561.95~7561.96（垂）	393.5
SHB1-4HCH	2018年12月3日	7457.2~8255.5 斜/7457.2~7803.0 垂	自然完井		
SHB1-5H	2016年6月12日	7474.52~7745.52 斜/7474.52~7576.19 垂	自然完井	7745.52（斜）/7576.19（垂）	528.15
SHB1-7H	2016年6月11日	7339.36~7947.21 斜/7339.36~7456 垂	自然完井	7900.61（斜）/7448.48（垂）7947.21（斜）/7456（垂）	1333.4
SHB1-13H	2019年4月26日	7486~8261.43m 斜/7486~7788.41m 垂	酸化完井	8253.12~8254.54（斜）	647.12
SHB1-20H	2019年2月8日	7387.32~8191.1 斜/7387.32~7577.65 垂	酸压完井	7860.04（斜）/7573.14（垂）	5.1
SHB1-23H	2020年1月22日	7893.00~8246.84 斜/7893.00~8070.39 垂	酸压完井	8161.57（斜）/8043.17（垂）	15.45

4.1.7 生产动态数据

生产动态数据主要描述油藏开发井信息，包括生产井段、油气水产量、流压、静压数据（图4-1）。时间划分按月为单位，一月一组数据，按照油藏数值模拟器格式建立生产动态文件。

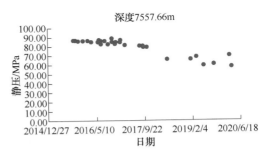

图4-1 顺北1-1H、顺北1-2H 连通体
实测地层静压数据

4.1.8 历史拟合

1）储量拟合

单元储量拟合的目标是与静态储量拟合。调整参数有模型的孔隙度、油水界面及有效连通体的体积。

2）全区生产历史拟合

区块拟合动态指标有区块累产油、日产油、区块平均压力。实测井静压折算到同一深度（第一口生产井的油层中部）作为油藏静压历史数据。通过修正模型水体体积、整体调整渗透率，拟合全区地层压力。

3）单井生产历史拟合

对建产井进行历史拟合，拟合指标有单井日产油、日产液及井底流压。实测井流压折算到本井油层中部作为该井流压历史数据。通过修正单井控制范围内渗透率和孔隙度、单井表皮拟合单井井底流压。

通过修正模型水体与生产井的连通关系（如底水与生产井之间裂缝的渗透性）、注水井与生产井的连通关系（如注水井与生产井之间裂缝的渗透性）拟合产油和产水。

4.1.9　剩余油饱和度及压力分布特征

在历史拟合基础上，从平面上和纵向上、不同储集体类型两个方面开展剩余油分布特征和地层压力变化分析。获得连通体剩余油饱和度场、含烃体积场及压力场三维立体图及连井剖面图。

4.2　典型单元数值模拟

4.2.1　地质模型粗化结果

基于三维地质建模成果，在精细地质模型（图4-2）的基础上，考虑储集体发育特征及模拟规模限制，确定了油藏数值模型粗化方案，对精细地质模型进行了粗化。对于储集体类型，按照最大体积百分数的统计方法处理；对于孔隙度模型，采用算数平均化方法进行粗化（以网格体积大小作为权重）；对于渗透率模型，采用带方向的平均化方法处理。

网格类型为三维角点网格系统。平面上，X方向网格数为212个，Y方向网格数为270个，平面网格步长$D_X = D_Y = 30m$；纵向上分为90个层，网格步长D_Z分别采用2m、3m、6m、14m。全油藏网格总数为515万个，有效网格141万个。粗化后的地质模型如图4-3所示。

4.2.2　流体PVT数据

流体模型所需参数主要来自S99单元井的原油高压物性实验分析报告，流体的饱和压力为12.9MPa，地饱压差大，属未饱和油藏。模型基本参数如表4-4所示。压力与体积系数、原油黏度的关系曲线如图4-4和图4-5所示。

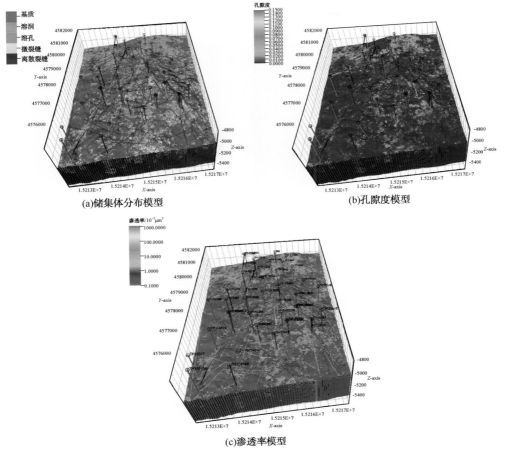

(a)储集体分布模型

(b)孔隙度模型

(c)渗透率模型

图4-2　S99单元粗化前的网格模型

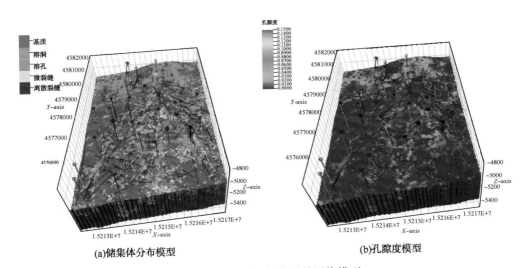

(a)储集体分布模型

(b)孔隙度模型

图4-3　S99单元粗化后的网格模型

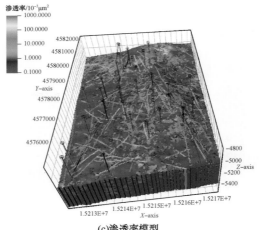

(c)渗透率模型

图 4-3　S99 单元粗化后的网格模型(续)

表 4-4　模型基本参数

油藏岩石及流体物性参数	数　值	单　位
油藏压力	62	MPa
饱和压力	6.71	MPa
地层温度	148.7	℃
地层原油体积系数	1.07	m^3/m^3
地层原油黏度	18.49	mPa·s
地面条件油密度(20℃)	0.92	g/cm^3
地层原油密度	0.8853	g/cm^3
地面条件下水密度	1147	kg/m^3
N_2 地面条件下气密度	0.678	kg/m^3
岩石压缩系数	8×10^{-4}	1/MPa
水的体积系数	1.017	m^3/m^3
水的黏度	1.28	mPa·s
水的压缩系数	2.4×10^{-4}	1/MPa

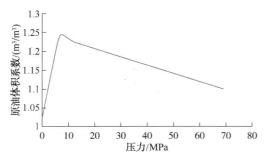

图 4-4　压力与体积系数关系曲线

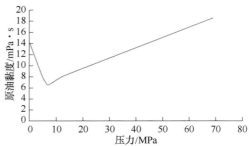

图 4-5　压力与原油黏度关系曲线

4.2.3　两相流动参数

为了更加准确地拟合油井的含水变化规律，根据油藏的储集体类型和充填情况，不同区域利用不同的相渗曲线。

对于未充填溶洞，油水相渗采用常规相渗曲线，拟合过程中根据储集体物性参数的分布进行分区修正，相渗曲线采用 I 类相渗（图 4-6）。

对于充填溶洞或者溶孔，渗透率为几十毫达西至几百毫达西，重力分异速度慢，流动形态为渗流，与砂岩类似，采用 II 类相渗曲线（图 4-7）。

对于中大尺度的裂缝或断裂，渗透率很大，为几百毫达西至几达西，没有储集

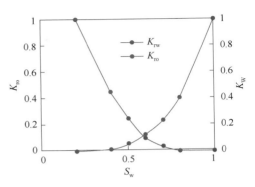

图 4-6　未充填溶洞相渗曲线（ I 类）

性，仅起到流动通道的作用，采用 III 类相渗曲线（图 4-8）。对于酸压缝在数模中采用改变井周围网格的渗透率的方法等效处理，采用 III 类相渗曲线。

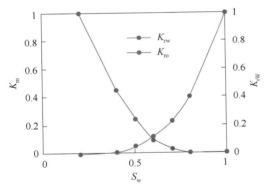

图 4-7　充填溶洞+溶蚀
孔洞相渗曲线（ II 类）

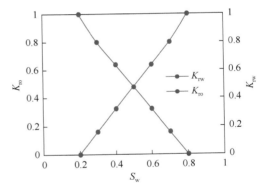

图 4-8　裂缝相渗曲线（ III 类）

4.2.4　完井与措施

单元内油井井别（油井和转注井）、井型（直井、斜井和水平井）、完井方式（裸眼完井、裸眼酸压等）及后期采取的堵水、酸化措施等具体情况如表 4-5 所示。

表 4-5　S99 单元生产井及注水井基本信息表

井名	井别	完钻日期	完井大修方式	生产层段/m
S99	油井	2002 年 10 月 13 日	裸眼酸压	5938~6155
T728	油井	2003 年 10 月 2	裸射酸压	6044.81~6120

井名	井别	完钻日期	完井大修方式	生产层段/m
T728CH	油井转注	2003 年 10 月 2 日	裸眼酸压	439.5~537.5（斜）/173.97~185.28（垂）
TH10314CH	油井	2011 年 3 月 1 日	裸眼酸压	5609.1~5689（斜）/5602~5669（垂）
				5530.99~5590（斜）/5530.99~5587（垂）
TH10314X	油井转注	2005 年 11 月 27 日	自然完井	6243~6524.5（斜）/6061.06~6067.94（垂）
TH10315X	油井	2009 年 6 月 24 日	自然完井	6133.80~6144
TH10317	油井转注	2008 年 2 月 5 日	自然完井	6120.81~6130
TH10319	油井转注	2007 年 8 月 2 日	自然完井	6011~6070
TH10323X	油井转注	2008 年 12 月 20 日	裸眼酸压	6071~6165（斜）/6069.21~6128（垂）
TH10325X	油井转注	2006 年 5 月 5 日	自然完井	6008.5~6183
TH10328	油井转注	2007 年 2 月 17 日	自然完井	6024~6030.92
TH10329	油井	2005 年 10 月 20 日	自然完井	6011.1~6020.7
TH10330	油井	—	自然完井	5911~5952.82
TH10330CX	油井转注	2007 年 12 月 18 日	裸射酸压	6241~6257.99（斜）/6048.5~6057（垂）
TH10332	油井	2007 年 8 月 28 日	裸眼酸压	6011.5~6090
TH10332CH	油井	2008 年 8 月 31 日	裸眼酸压	6287~6370（斜）/6044.17~6043.29（垂）
TH10334	油井转注	2007 年 6 月 10 日	钻塞酸化	6023.5~6190
TH10335	油井	2007 年 5 月 26 日	裸眼酸压	6011~6065
TH10337	油井转注	2008 年 8 月 21 日	裸眼酸压	6018~6094
TH10338	油井	2006 年 12 月 10 日	裸眼酸压	6033~6118.5
TH10342	油井	2007 年 7 月 30 日	裸眼酸压	5995.5~6079.5
TH10346	油井	2008 年 9 月 5 日	裸眼酸压	6024.5~6078.5
TH10347	油井转注	2008 年 5 月 14 日	裸眼酸压	6052.5~6160
			重复酸压	6025~6090（6082~6086 射孔段）
			钻塞合采	6025~6146.73

井名	井别	完钻日期	完井大修方式	生产层段/m
TH10347CH	油井转注	2016 年 4 月 24 日	自然完井	6295.84~6296.50(斜)
TH10348	油井转注	2009 年 8 月 8 日	裸眼酸压	6040~6138.00
TH10350	油井	2011 年 6 月 28 日	自然完井	6239.3~6245.91(斜)
			裸眼酸压	5538.8~5720.61(斜)
TH10351X	油井	2011 年 10 月 14 日	分段酸压	6128.0~6202.0
TH10354	油井转注	2012 年 2 月 4 日	裸眼酸压	6058.5~6140
TH10355	油井	2012 年 8 月 25 日	裸眼酸压	6001.14~6070
			重复酸压	6001.14~6070
TH10357X	油井	2012 年 4 月 10 日	裸眼酸压	6050~6180(斜)/6039.71~6071.19(垂)
TH10358	油井	2012 年 8 月 7 日	裸眼酸压	6180~6218
			酸化	6180~6218
			上返酸压	5964.76~6218
			重复酸压	6180.0~6218
TH10358CH	油井	2015 年 2 月 13 日	自然完井	6168.65~6258
TH10359X	油井转注	2012 年 5 月 6 日	裸眼酸压	5953~6020(斜)/5948~6015(垂)
TH10360	油井	2012 年 8 月 9 日	自然完井	6101.01~6130
TH10364	油井	2013 年 6 月 29 日	裸眼酸压	6040~6120
TH10367	油井	2014 年 10 月 26 日	裸眼酸压	6097.5~6178
TH10370	油井	2014 年 11 月 23 日	自然完井	6063.35~6114.93
TH10372	油井	2015 年 3 月 16 日	裸眼酸压	6060~6110 (5992~6004 主产，6004~6012 次产)
TH10372CH	油井	2016 年 12 月 28 日	自然完井	6104.47~6135.75(斜) 6017.93~6018.1
TH10375	油井	2015 年 4 月 14 日	裸眼酸压	6046.36~6165
TH10378	油井	2015 年 10 月 7 日	酸压完井	6057.23~6138
TH10379	油井	2015 年 11 月 19 日	自然完井	6003~6075
TH10380	油井	2016 年 3 月 17 日	自然完井	6031.6 漏失 6053.54~6055.74 放空
TH10381	油井	2016 年 2 月 23 日	酸压完井	6140~6200
TH10382	油井	2016 年 2 月 15 日	自然完井	6268.59~6368.32(斜)
TH10386	油井转注	2017 年 3 月 22 日	酸压完井	5992~6121
TH10389	油井	2017 年 11 月 25 日	酸压完井	6210~6485

4.2.5 生产动态分析

动态数据主要包括生产井段、油、气、水产量和注水、注气量等生产资料。以月度频率统计日产数据，按照油藏数值模拟器格式要求建立生产动态文件。

1）单元开发特征

（1）开发现状。

为研究 S99 单元生产动态特征，收集整理了 47 口井的产油、注水和井位数据，建立工区的 OFM 库。

截至 2019 年 3 月 19 日，S99 单元有生产井 47 口，开井数 33 口，单元日产油 780m³/d、日产气 2000m³/d，综合含水率 19%（图 4-9）。

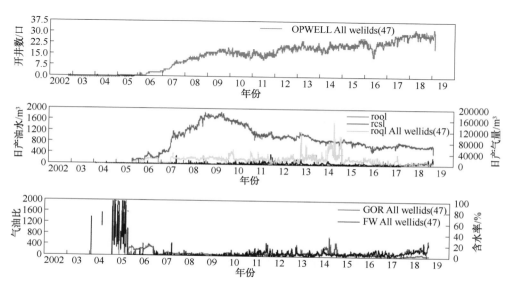

图 4-9　S99 单元开发现状曲线图

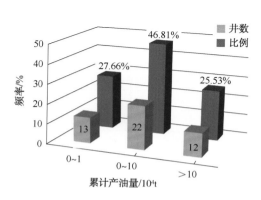

图 4-10　井数统计直方图

（2）产油特征。

统计单元 47 口井的累计产油量（图 4-10），分析表明：累产油 1~10×10⁴t 吨油井 22 口，大于 10×10⁴t 的油井 12 口，单元 72.34% 油井累产油 1×10⁴t 以上。

对比分析表明：油井产能差异大，高产井集中分布在区块北部和西南部断裂交汇处（图 4-11）。

（3）产水特征。

单元整体水淹程度低，累产水量小于 0.5×10⁴t 的油井 32 口，占单元总数的

68%。综合对比单井累产水量和目前含水率，研究表明：东南部和东北部单井水淹程度高，西南部和北部单井水淹弱（图4-12、图4-13）。

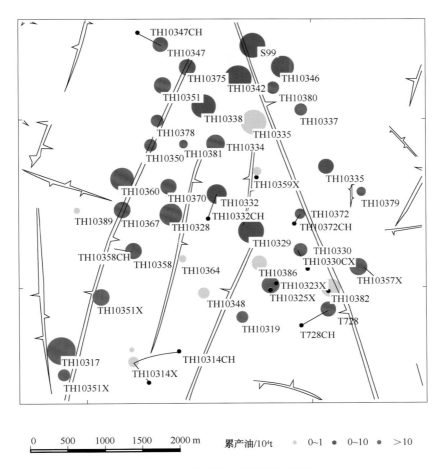

图4-11 单井累产油平面分布图

（4）递减特征。

2009年9月，单元进入递减阶段，递减类型为双曲递减。单元整体递减缓慢，递减初期产量1847m³/d，年递减率4.2%（图4-14）。

2）单井开发特征

（1）递减特征。

单元有47口井投产，其中无递减趋势井有2口。主要针对这45口井开展的递减规律分析表明：单井递减类型主要包括指数递减和双曲递减，且以双曲递减为主。双曲递减27口，占递减总井数的60%。典型单井双曲递减曲线如图4-15所示。

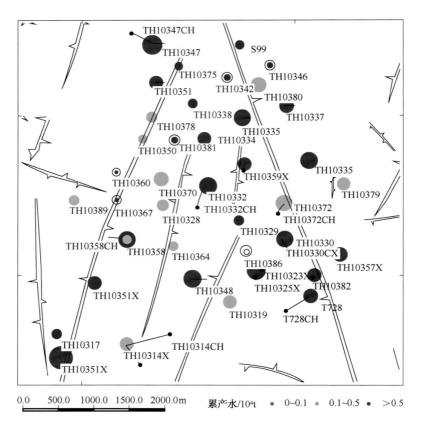

累产水/10⁴t ● 0～0.1   ● 0.1～0.5   ● ＞0.5

图 4-12　单井累产水平面分布图

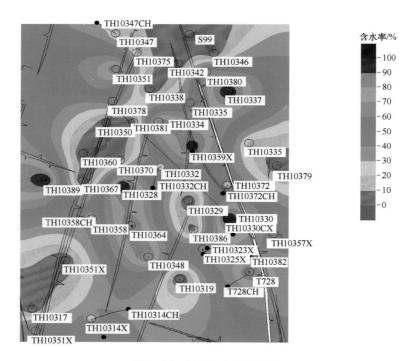

图 4-13　目前含水率等值图

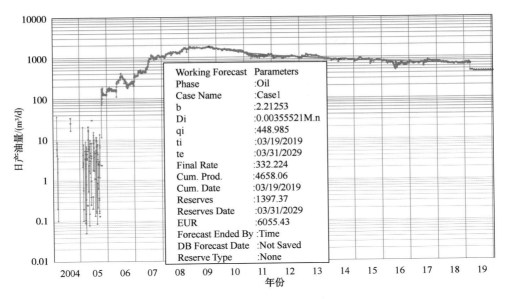

图 4-14　单元产量递减曲线

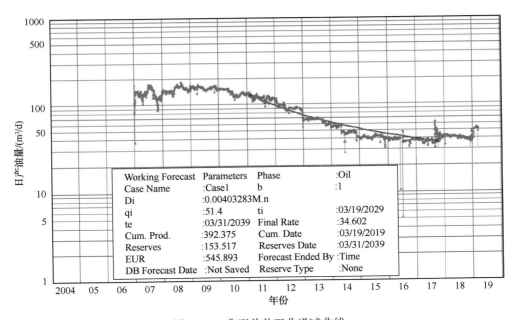

图 4-15　典型单井双曲递减曲线

　　递减类型：双曲递减；递减时间：2011 年 2 月；递减初期产量：129m³/d；月递减率：1.25%。

　　此外，指数递减 18 井有口，占总井数的 40%。典型单井递减曲线如图 4-16 所示。

　　递减类型：指数递减；递减时间：2007 年 2 月；递减初期产量：103m³/d；月递减率：1.82%。

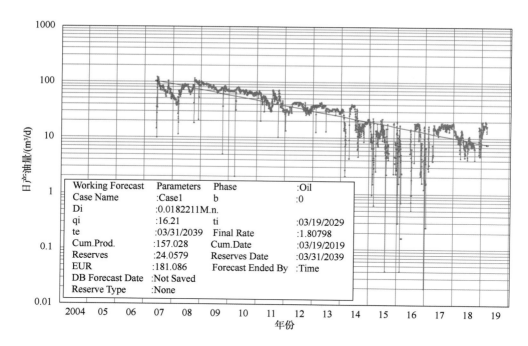

图 4-16　典型井指数递减曲线

（2）产油特征。

依据开发阶段划分方法，将油井划分 3 种类型：稳产后递减型、投产递减型、低产稳定波动型（图 4-17）。不同类型单井产能特征差异极大，单井初期日油能力最大达 240m³/d，最小近 0.1m³/d。

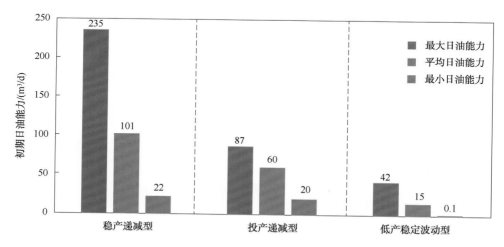

图 4-17　不同类型单井产能对比图

① 稳产后递减型。

稳产后递减型油井 15 口，占总井数的 31.9%。典型稳产后递减型动态曲线如图 4-18所示。

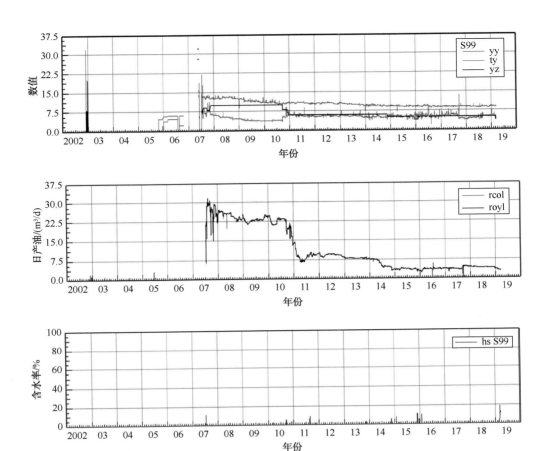

图 4-18　S99 井产油动态曲线

53%的油井初期日油能力大于 100m³/d，稳产 1 年以上（图 4-19）。

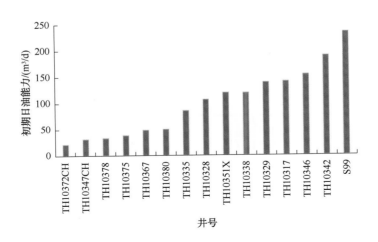

图 4-19　稳产递减型油井初期日油能力直方图

73%的油井无水采油期大于500d，自喷投产，能量十分充足（图4-20）。

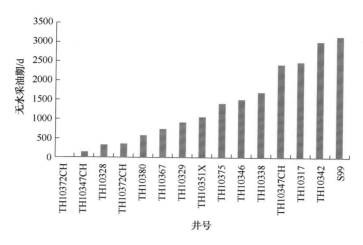

图4-20　稳产递减型油井无水采油期统计直方图

② 投产递减型。

投产递减型油井9口，占总井数的19.1%，典型投产递减型单井动态曲线如图4-21所示。

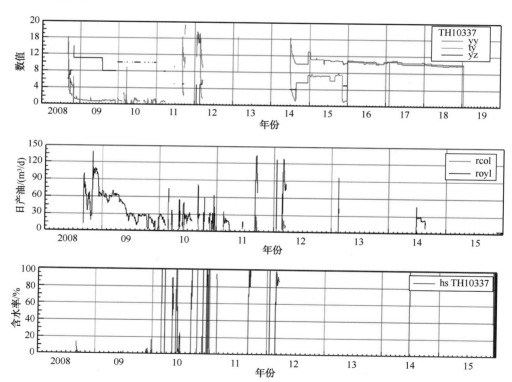

图4-21　TH10337井产油动态曲线

78%的油井初期日油能力 60~100m³/d，稳产期小于 2 个月或无稳产期（图 4-22）。

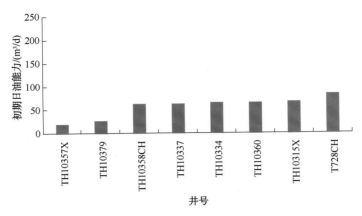

图 4-22　投产递减型油井初期日油能力直方图

67%的油井无水采油期小于 500d，短期自喷生产，能量较充足（图 4-23）。

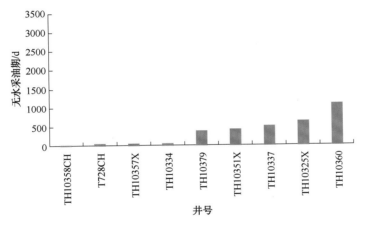

图 4-23　投产递减型油井无水采油期统计直方图

③ 低产稳定波动型。

地产稳定波动型油井 23 口，占总井数的 49%，典型低产稳定波动性单井动态曲线如图 4-24 所示。

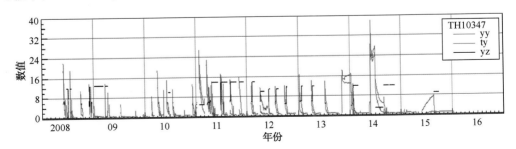

图 4-24　TH10347 井产油动态曲线

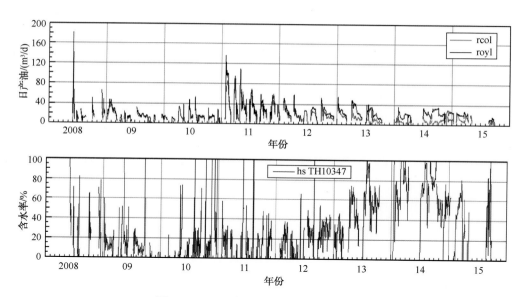

图4-24　TH10347井产油动态曲线(续)

70%的油井初期日油能力小于15m³/d，无稳产期(图4-25)。

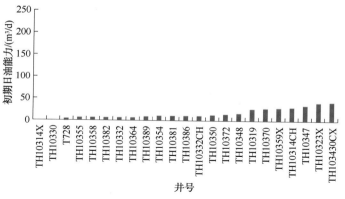

图4-25　低产稳定波动型油井初期日油能力直方图

51%的油井开井见水，无水采油期短，机抽生产，能量极不充足(图4-26)。

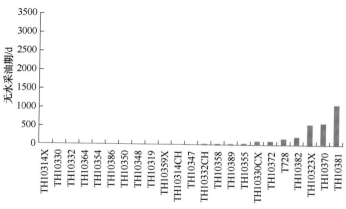

图4-26　低产稳定波动型油井无水采油期统计直方图

（3）见水特征。

单元出水井 33 口，占总井数的 70.2%。其中机抽井 23 口，自喷井 10 口。

通过 10 口自喷出水井含水率曲线形态，将油井的出水类型划分 3 种类型：缓慢抬升型、台阶状上升型、暴行水淹型（表 4-6）。

表 4-6　出水类型统计表

出水类型	井　号	比例/%
缓慢抬升型	TH10357X、TH10358CH、TH10378	27.3
台阶状上升型	TH10315X、TH10325X、TH10334、TH10335、TH10380	45.5
暴性水淹型	TH10328、TH10337	18.2
合　计		100

① 暴性水淹型。

平均初期产油量 86m³/d、无水采油期 426d，能量充足。

油井一经见水，均暴性水淹、水淹后油井产油量极低。

分析表明：油水界面逼近井底，典型暴性水淹单井动态曲线如图 4-27 所示。

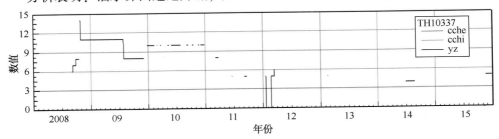

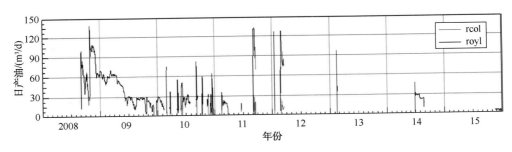

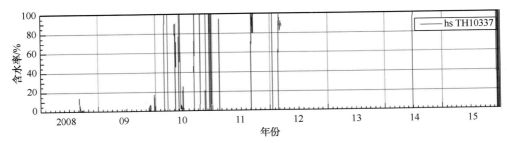

图 4-27　TH10337 井产油动态曲线

② 台阶状上升型。

平均初期产油量71m³/d、无水采油期341d，能量较充足。

见水后，油井产油量和产水量持续稳定波动，含水率上升至一定高度后稳定。

分析表明：可能井底附近发育水窜通道，典型台阶状上升型单井动态曲线如图4-28所示。

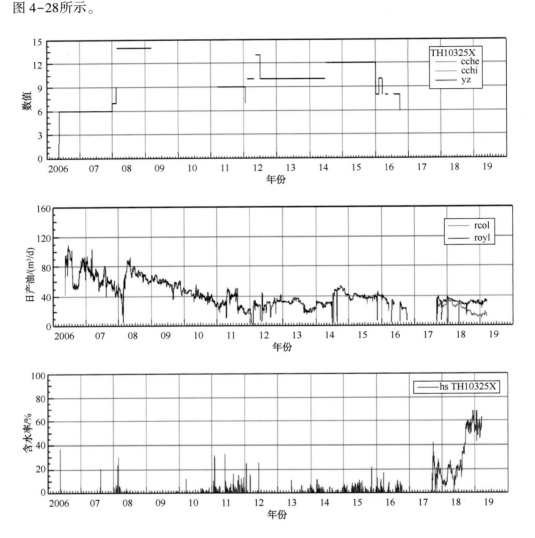

图4-28 TH10325X井产油动态曲线

③ 缓慢抬升型。

初期产油量40m³/d以下、无水采油期160d以下，能量不充足。

油井见水后，含水率缓慢上升、产油量缓慢下降。

分析表明：油水界面距离井底尚有一段距离，是控水挖潜剩余油的主要对象，典型缓慢抬升型单井动态曲线如图4-29所示。

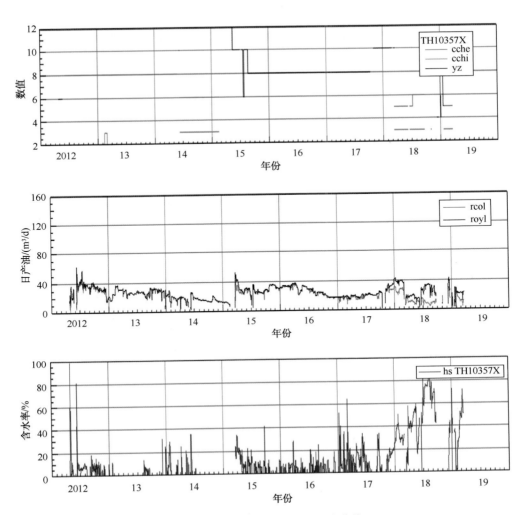

图 4-29 TH10357X 井产油动态曲线

3）井间连通关系

（1）气驱连通。

通过 9 口注气井与邻井的井口压力、产量、含水及工作制度等关键动态指标对比（图 4-30），确定了单元的气驱连通关系，并划分气驱井组单元（表 4-7）。

表 4-7 水驱连通状况统计表

注气井	气驱连通井（28 口）				
TH10315X	TH10317、TH10351X、TH10358CH、TH10367、TH10360				
TH10335	TH10355				
TH10357X	TH10382、TH10372CH				
TH10379	TH10335、TH10372CH				
TH10330CX	TH10325X、TH10323X、TH10319、TH10357X				

注气井	气驱连通井（28 口）
TH10380	TH10346、TH10337、S99、TH10338、TH10355
TH10347	TH10354、S99、TH10342
TH10323X	TH10319、TH10329、TH10325X
TH728CH	TH10323X、TH10325X、TH10319

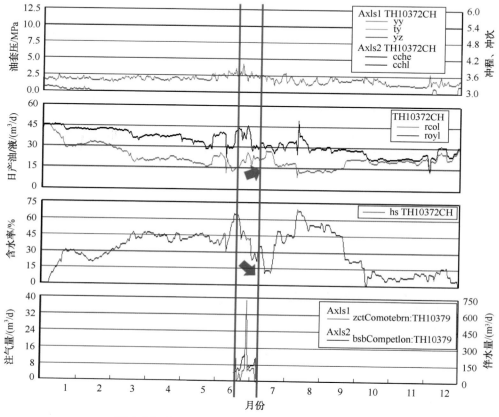

图 4-30　TH10379-TH10372CH 井组注采动态曲线

（2）水驱连通。

通过 14 口注水井与邻井井口压力、产量、含水及工作制度等关键动态指标对比（图 4-31），确定了单元的水驱连通关系，划分了水驱井组单元；确定了单元的气驱连通关系，划分了气驱井组单元（表 4-8）。

表 4-8　水驱连通状况统计表

注水井	水驱连通井（56 口）
T728CH	TH10382、TH10357X、TH10323X、TH10325X、TH10319
TH10314CH	TH10315X、TH10317、TH10351X
TH10319	TH10325X、TH10357X
TH10323X	TH10357X、TH10325X、TH10330CX、TH10382、T728CH

注水井	水驱连通井（56口）
TH10325X	TH10357X、TH10382
TH10328	TH10351X、TH10332CH、TH10329
TH10330CX	TH10329、TH10323X、TH10319、TH10325X、TH10357X
TH10334	TH10381、TH10350、TH10378、TH10375、TH10332CH、TH10338、TH10355、TH10342
TH10337	TH10335、TH10355、TH10342、TH10346、TH10338、S99
TH10347	TH10342、TH10338
TH10348	TH10319、TH10329、TH10323CH
TH10354	TH10375、TH10347CH、TH10378、TH10338、TH10360
TH10359X	TH10329、TH10332CH、TH10355、TH10338、TH10335
TH10386	TH10329、TH10319、TH10372CH、TH10325X、TH10382、TH10357X

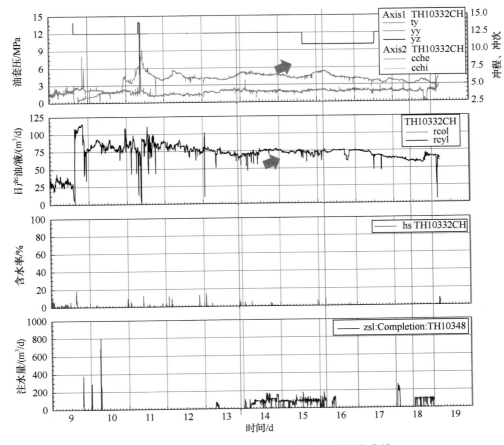

图4-31　TH10348-TH10323CH井组注采动态曲线

（3）连通特征。

综合单元注水、注气的动态响应对比，划分单元连通关系。整体上表现为，沿断裂连通特征明显，单元北部和南部具有横向连通的特征（图4-32）。

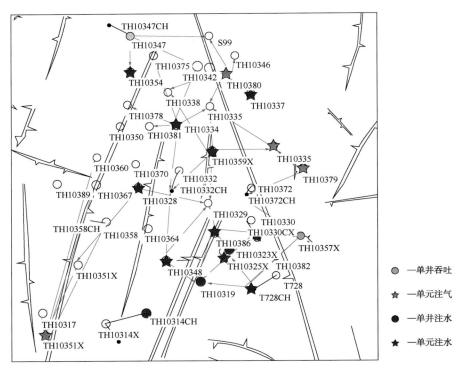

图 4-32　S99 单元井组动态连通平面展布图

图例：
- ● ——单井吞吐
- ★ ——单元注气
- ● ——单井注水
- ★ ——单元注水

4.2.6　生产历史拟合

1）单元储量及压力拟合

根据该单元的地质模型，油藏数值模拟器依据容积法计算了单元的原油储量，得出 S99 单元原始地质储量为 $3255×10^4$t，与地质储量较接近，误差小。压力拟合结果如图 4-33 所示。

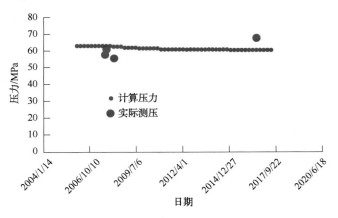

图 4-33　S99 单元压力拟合情况

2）全区拟合结果

S99 单元全区拟合产油、产水、含水情况如图 4-34~图 4-36 所示，拟合较好。

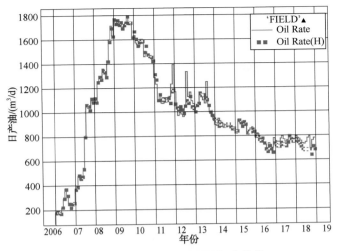

图 4-34　S99 单元日产油量拟合曲线

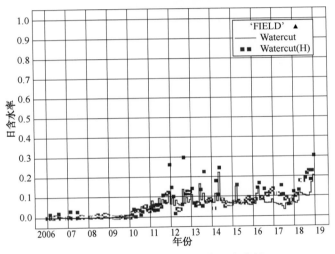

图 4-35　S99 单元日含水率拟合曲线

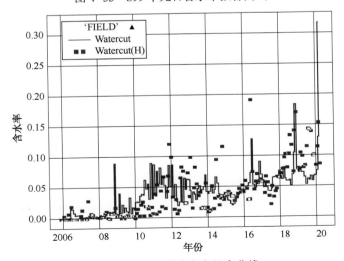

图 4-36　S99 井含水率拟合曲线

3）单井拟合结果

（1）单井拟合参数调整范例。

S99井采用初始模型拟合后存在的主要问题为：油井酸压生产后水淹严重，与油井长期维持不含水稳定生产不符[图4-37（a）]。分析认为该井上返酸压后应沟通了井周围的溶洞储集体，基于此对模型进行调整，调整井周大断裂纵向渗透率以及横向储集体渗透率，动用井周溶洞储集体，保证储量基础，使得含水得到较好拟合[图4-37（b）]。

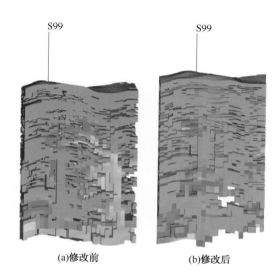

图4-37　S99井上与井周储集体类型及分布

（2）单井拟合情况。

对S99单元31口有效建产井进行了拟合，其中27口井拟合效果较好，历史拟合符合率为87.09%，部分高产井的日产油和含水率拟合曲线如图4-38~图4-46所示。

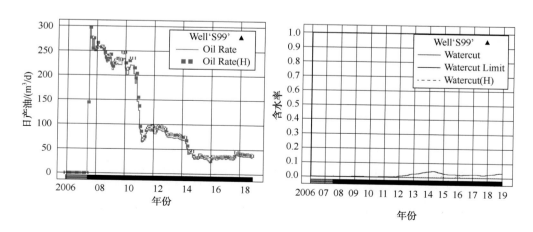

图4-38　S99井日产油和含水率拟合曲线

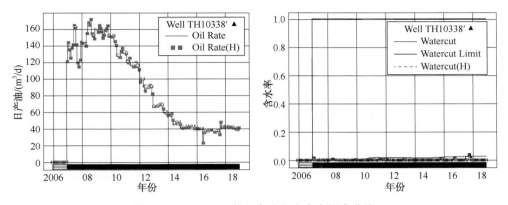

图 4-39　TH10338 井日产油和含水率拟合曲线

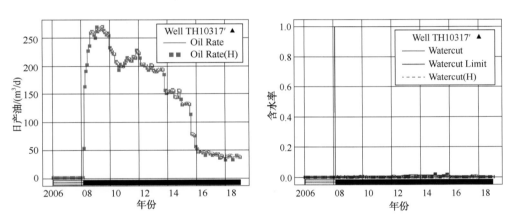

图 4-40　TH10317 井日产油和含水率拟合曲线

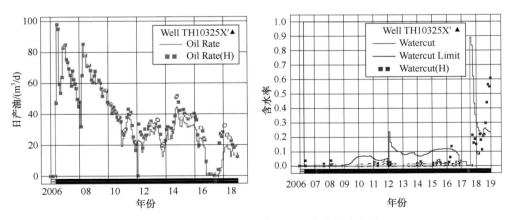

图 4-41　TH10325X 井日产油和含水率拟合曲线

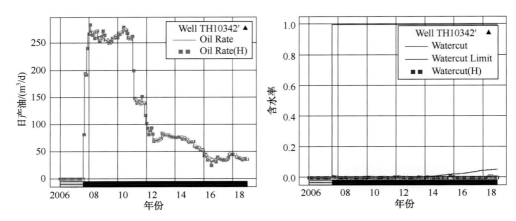

图 4-42　TH10342 井日产油和含水率拟合曲线

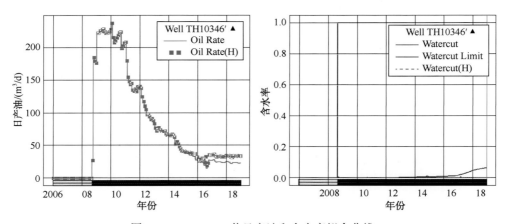

图 4-43　TH10346 井日产油和含水率拟合曲线

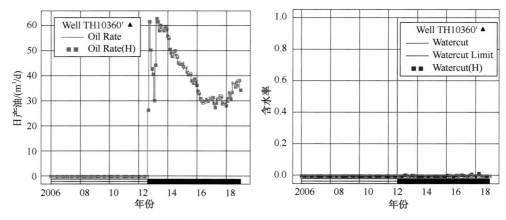

图 4-44　TH10346 井日产油和含水率拟合曲线

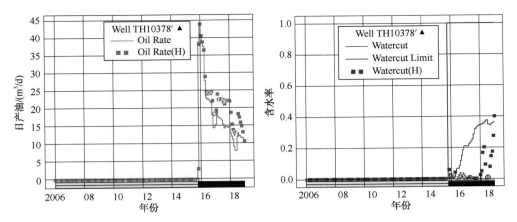

图 4-45　TH10360 井日产油和含水率拟合曲线

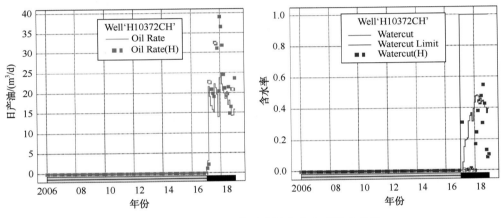

图 4-46　TH10372CH 井日产油和含水率拟合曲线

4.2.7　S99 单元剩余油潜力评价

在生产历史拟合基础上，测算了 S99 单元剩余油，分析了单元剩余油类型及分布状况，为单元开发调整研究奠定了物质基础。

截至 2020 年 4 月，S99 单元剩余油规模为 $2754 \times 10^4 m^3/d$。

1）剩余油储量丰度评价

储量丰度指油藏单位含油范围的地质储量（单位：$10^4 t/km^2$）。油田储量丰度分为：高丰度（>300）、中丰度（100~300）、低丰度（<100）、特低丰度（<50）。综合考虑了有效厚度、剩余油饱和度以及原油体积系数等参数的影响后，能准确定量地反映剩余油的富集分布情况。S99 单元北部的剩余储量丰度高，属于高丰度油藏（图 4-47）。

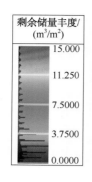

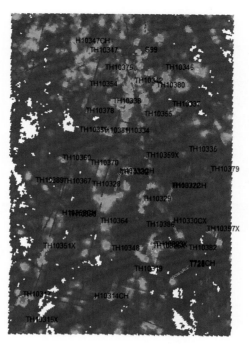

图 4-47　S99 单元剩余储量丰度图

2）不同储集体剩余储量评价

基于储集体类型，分析了剩余油分布（图 4-48、图 4-49），不同类型储集体中的剩余油规模如表 4-9 所示，由表中数据可以看出，剩余油主要分布在溶洞和溶蚀孔洞和微裂缝中，其中，溶孔中剩余油规模最大，共计 1056×10⁴m³，占 38.3%；溶洞中 600×10⁴m³，约占 21.7%。

溶蚀孔洞是剩余油最富集的储集体，剩余含油饱和度高，剩余储量占单元剩余储量的 38.3%，是最主要的潜力区。溶洞见水深度受完井深度控制，油水界面差异较大。

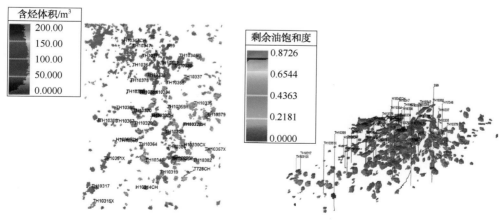

图 4-48　S99 单元溶洞含烃体积和剩余油饱和度图

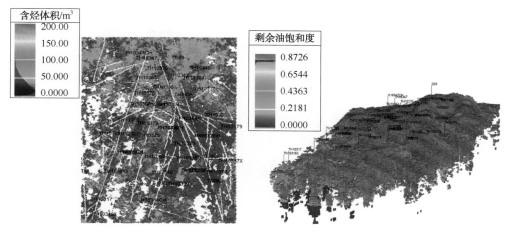

图 4-49　S99 单元溶孔含烃体积和剩余油饱和度图

表 4-9　剩余储量分布表

储集体类型	原始地质储量		采出量		剩余地质储量		采出程度/%
	储量/$10^4 m^3$	百分比/%	储量/$10^4 m^3$	百分比/%	储量/$10^4 m^3$	百分比/%	
溶洞	697	21.4	97	19.3	600	21.7	
溶孔	1234	37.9	178	35.5	1056	38.3	
微裂缝	745	22.8	113	22.5	632	22.9	
大尺度裂缝	579	17.7	113	22.5	466	16.9	15.4
基质	0	0	0	0	0	0	
合计	3255	100	501	100	2754	100	

3）平面剩余油分布规律

平面上，剩余油呈离散分布，单元东南方向和北部未井控地区含油饱和度较高（图 4-50）。

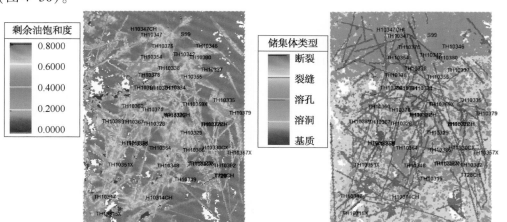

图 4-50　S99 单元剩余油饱和度和储集体类型图

4）纵向剩余油分布规律

纵向上，主要的剩余油类型为：洞顶剩余油、高导流通道屏蔽剩余油、井间剩余油（图4-51、图4-52）。井间及生产层段以下存在较大比例的剩余油。

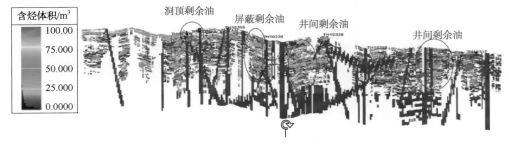

图4-51　S99单元溶孔含烃体积图

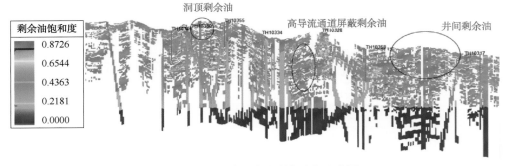

图4-52　S99单元溶孔剩余油饱和度图

5）井点剩余油分析——平面

分析井点剩余油目的是评价井间剩余油特征，指导注水替油、本井注气及侧钻等开发调整，评价方法是油藏数值模拟法。

统计平面上有效建产井井周（半径150m范围内）的剩余油，有12口井超过15×10^4 m^3（表4-10、图4-53）。

表4-10　井周剩余储量统计表

井　名	合计/10^4m^3	井　名	合计/10^4m^3
S99	11.0	TH10347CH	21.3
T728CH	14.2	TH10351X	27.6
TH10315X	16.6	TH10354	7.3
TH10317	42.8	TH10357X	7.5
TH10319	17.9	TH10358CH	23.9
TH10325X	45.9	TH10360	13.5
TH10329	40.5	TH10367	19.8
TH10332CH	10.1	TH10370	6.2
TH10334	13.4	TH10375	13.3
TH10335	8.9	TH10342	23.0
TH10338	15.5	TH10346	17.6

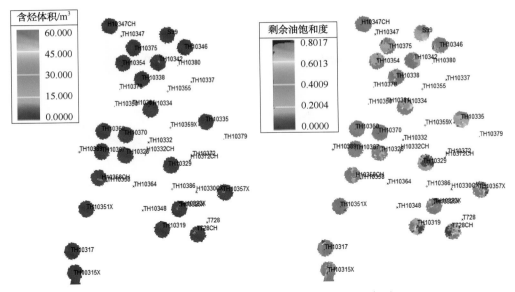

图 4-53　S99 单元井点含烃体积和剩余油饱和度图

6）井点剩余油分析——纵向

根据平面井点剩余油，选取不同方位剩余油较多井点评价纵向剩余油（表 4-11、图 4-54~图 4-56）。

表 4-11　井周剩余储量统计表

井　名	纵向剩余油分析（150m 半径范围内）
TH10342	剩余油主要在井周溶洞中
TH10317	钻遇大尺度裂缝连接的溶洞和上部溶孔中
TH10329	剩余油主要在溶孔和微裂缝中

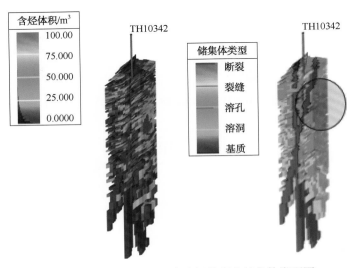

图 4-54　TH10342 井剩余含烃体积和储集体类型图

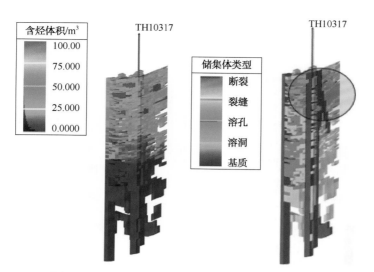

图 4-55 TH10317 井剩余含烃体积和储集体类型图

7）井间剩余油分析

根据剩余储量丰度图，选择了 3 个剩余油储量较多的井间区域（图 4-57 ~ 图 4-59）。

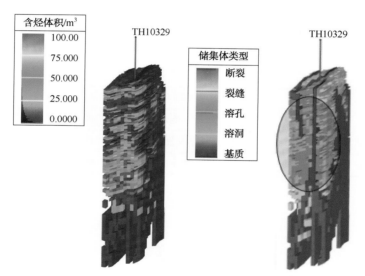

图 4-56 TH10329 井剩余含烃体积和储集体类型图

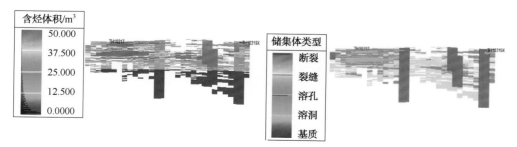

图 4-57 TH10315X—TH10317 井剩余含烃体积和储集体类型剖面图

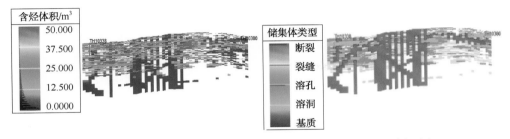

图 4-58　TH10338—TH10380 井剩余含烃体积和储集体类型剖面图

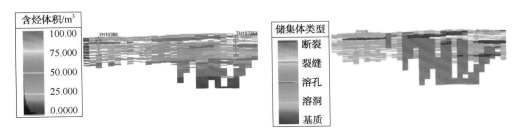

图 4-59　TH10386—TH10325 井剩余含烃体积和储集体类型剖面图

8) 未井控剩余油分析

未井控剩余油是指注采未波及的缝洞体内剩余油，评价目的是指导扩大水(气)驱与新井部署，评价方法为油藏数值模拟预测法。

剩余油未井控区主要有 4 个区域：区域 1、区域 2、区域 3、区域 4(表 4-12、图 4-60)。

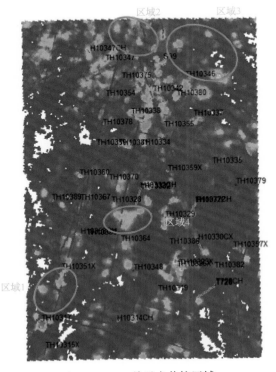

图 4-60　S99 单元未井控区域

表 4-12　未井控区剩余储量

序号	未井控剩余油/$10^4 m^3$	分布特点
区域 1	60.6	剩余油较集中
区域 2	52.6	剩余油较分散
区域 3	43.6	剩余油较分散
区域 4	45.2	剩余油较集中

5 生产动态规律及开发方案设计

5.1 生产动态规律

5.1.1 产能变化规律

1）单井产能计算

（1）产能计算方法。

断溶体油藏单井生产初期工作制度差异较大，油井初期日产油受工作制度影响，无法真实表征油井产能。同时，受投产时间早晚影响，单井累产油亦无法描述单井产能。故此，引入"油井拟绝对无阻流量"定量表征油井产能。针对未饱和油藏，以油井不脱气为约束条件，建立油井拟绝对无阻流量（以下称为单井产能）的计算方法：

$$q_{AOF} = J_O\left(P_R - \frac{FP_b}{2.25}\right) \tag{5-1}$$

式中：q_{AOF} 为油井拟绝对无阻流量，（t/d）；P_b 为油藏泡点压力，MPa；P_R 为地层压力，MPa；F 为流动效率，取 0.9（参考试井解释分析）。

（2）单井产能计算。

统计单井产量和测压数据，绘制分析油井 IPR 曲线（图 5-1），计算单井采油指数。

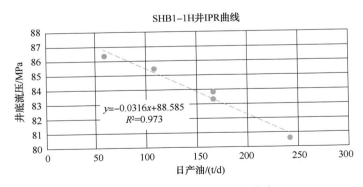

图 5-1　顺北 1 号带单井 IPR 曲线

计算该井采油指数为 31.6t/（MPa·d），该井生产初期地产压力为 86.7MPa，泡点压力为 34.9MPa。带入式（5-1），计算该井产能为 2299t/d。

统计完成计算顺北 1 号带 25 口单井产能（图 5-2），单井产能最大为 3831t/d（SHB1-3），产能最小仅为 61t/d（SHB1—13CH），单井产能差异极大。

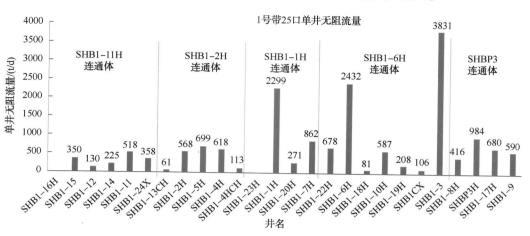

图 5-2 顺北 1 号带单井产能统计直方图

2）高产富集规律及主控因素

（1）产能特征。

对比统计顺北 1 号断裂带 25 口单井产能，其产能在 800t/d 以上油井有 5 口，占总井数的 20%；产能 300～800t/d 的油井有 10 口，占总井数的 40%，产能低于 300t/d 的油井有 10 口，占总井数的 40%。

顺北 1 号断裂带，平面上发育张扭、压扭及纯走滑"三类 12 段"走滑构造。其中张扭段为"左旋左阶"构造样式（图 5-3），侧接、弯曲效应导致的低洼区，共发育 2 段强张扭区、1 段复合张扭区与 1 段弱张扭区。压扭段为"左旋右阶"构造样式（图 5-3），侧接、弯曲效应导致的隆起区，侧接效应（1 段）、弯曲效应（3 段）。

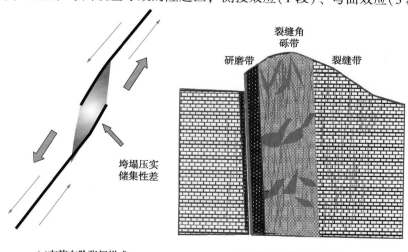

(a)左旋左阶张扭样式　　(b)左旋右阶压扭剖面样式

图 5-3 断裂剖面模式图

结合顺北 1 号断裂带的断裂特征对比单井产能，揭示高产富集规律如图 5-4 所示。

① 张扭边部（SHB1-5）和压扭中部（SHB1-7）油井高产。

张扭中心低洼区，孔洞垮塌被压实，储集体物性较差，边部储集体物性相对好，对应单井产能较好（SHB1-5 井产能为 699t/d）。

压扭中心隆起区，裂缝发育，储集体物性好，单井产能高（SHB1-7 井产能为 862t/d）。

② 走滑断裂与次级断裂交汇处（SHB1-3）油井产能较高。

走滑断裂与次级断裂交汇处，地表水系溶蚀作用更强，沿深大断裂发育储集体规模越大，单井产能越高（SHB1-3 井产能为 3831t/d）。

（2）产能主控因素。

① 断裂样式控制单井产能。

统计不同断裂样式的单井产能（表 5-1），按平均单井产能为：压扭段>张扭段>纯走滑。

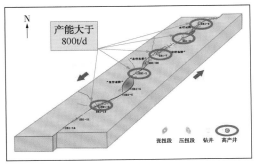

图 5-4 顺北 1 号带加里东中期 I 幕（$T_7{}^4$）活动特征模式和产能叠合图

表 5-1 不同断裂样式单井产能统计表

断裂样式	井 号	单井产能/(t/d)
压扭段	SHB1-6H	2432
	SHB1-7H	862
	SHB1-2H	568
	平均	1287
张扭段	SHB1-3	3831
	SHB1-20H	271
	SHB1-1H	2299
	SHB1-4H	618
	SHB1-4HCH	113
	SHB1-5H	699
	SHB1-11	518
	平均	1192
纯走滑段	SHB1-14	225
	SHB1-12	130
	SHB1-15	350
	SHB1-16H	0
	平均	176

压扭段生产井有 3 口，平均单井产能为 1287t/d；张扭段生产井有 7 口，平均单井产能为 1192t/d；纯走滑段生产井有 4 口，平均单井产能为 176t/d。

压扭段，断溶体发育呈漏斗状，发育规模较宽，裂缝发育，储集体物性整体好，单井产能高。

张扭段，断溶体发育呈漏斗状，发育规模较窄，孔洞垮塌被压实，储集体物性较差，边部相对较好，单井产能高。

走滑段，断溶体发育呈板状，发育规模较小，储集体物性一般，单井产能较低（图 5-5）。

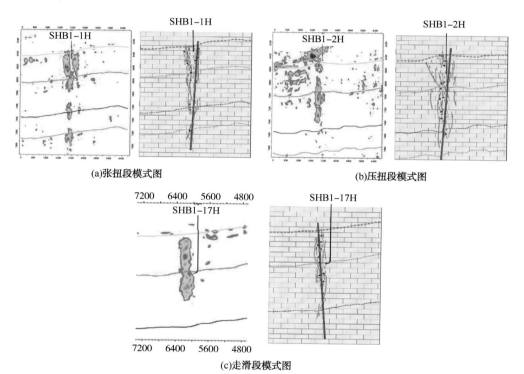

(a)张扭段模式图

(b)压扭段模式图

(c)走滑段模式图

图 5-5　典型断裂模式图

② 缝洞体外部轮廓大，产能高。

依据结构张量预测缝洞体的外部轮廓，剖析 SHB1-1H 和 SHB1-2H 两个连通体的结构张量剖面，对比单井产能，证实缝洞体外部轮廓大，单井产能高（图 5-6）。

③ 缝洞体丰度大，物性好，产能高。

对比缝洞体丰度，剖析 SHB1-1H 和 SHB1-2H 两个连通体的丰度分布，对比单井产能，证实缝洞体丰度大，物性好，单井产能高（图 5-7）。

3）产能递减特征及主控因素

（1）见水前产能递减特征。

SHB1-1H 连通体（未见水）：2019 年 3 月，同一油嘴条件下，日产油从 332t 递减至 177t，产能年递减 43%，符合双曲递减（图 5-8）。

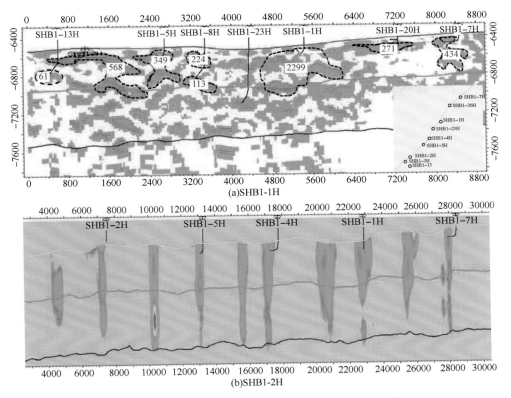

图 5-6　SHB1-1H、SHB1-2H 连通体结构张量剖面图

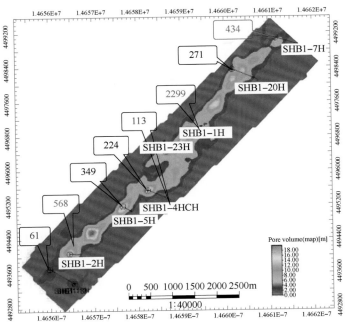

图 5-7　SHB1-1H、SHB1-2H 连通体丰度平面分布图

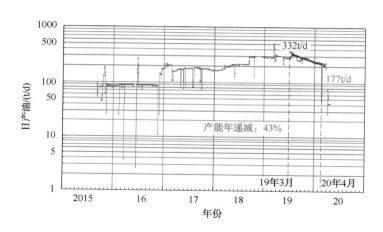

图 5-8　SHB1-1H 连通体产能递减曲线

　　目前油嘴条件下：预计 1 年后日产油量递减为 101t，3 年后递减为 33t，5 年后递减为 11t。递减迅速，濒临停产。

　　SHB1-1H 井，产能（6mm 油嘴条件下）从 167t/d 减至 107t/d，年递减 25.3%，符合双曲递减；

　　SHB1-7H 井，产能（5mm 油嘴条件下）从 80t/d 减至 42t/d，年递减 43.8%，符合双曲递减。

　　SHB1-20H 井，产能（5mm 油嘴条件下）从 74t/d 减至 56t/d，年递减 48.7%。符合双曲递减（图 5-9）。

　　SHB1-2H 连通体（未见水）：2019 年 5 月，同一油嘴条件下，日产油从 249t 递减至 153t，产能年递减 50%，符合双曲递减（图 5-10）。

　　目前油嘴条件下：预计 1 年后日产油量递减为 76t，3 年后递减为 19t，5 年后递减仅为 5t。递减迅速，濒临停产。

　　SHB1-2H 井，产能（5mm 油嘴条件下）从 72t/d 减至 48t/d，年递减 33.3%，符合双曲递减；

　　SHB1-5H 井，产能（5mm 油嘴条件下）从 56t/d 减至 25t/d，年递减 44.3%，符合双曲递减；

　　SHB1-13H 井，产能（6mm 油嘴条件下）从 45t/d 减至 32t/d，年递减 43.3%，符合双曲递减；

　　SHB1-4HCH 井，产能（65mm 油嘴条件下）从 76t/d 减至 44t/d，年递减 36.1%，符合双曲递减（图 5-11）。

　　收集整理单井静压测试数据，结合产能公式，定量计算 SHB1-1H 和 SHB1-2H 两个连通体 7 口单井的产能损失（表 5-2）。目前平均地层压力下降 36%，产能损失达 41%。

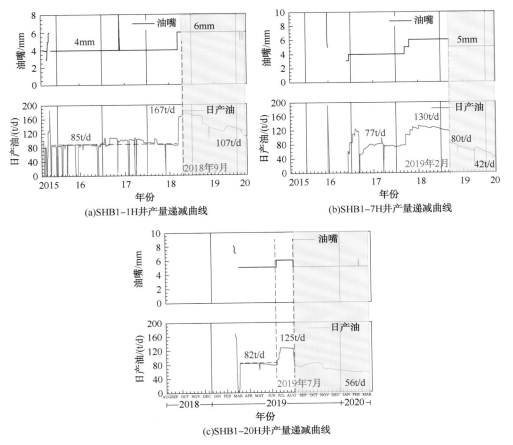

(a)SHB1-1H井产量递减曲线

(b)SHB1-7H井产量递减曲线

(c)SHB1-20H井产量递减曲线

图 5-9 SHB1-1H 连通体单井产能递减曲线

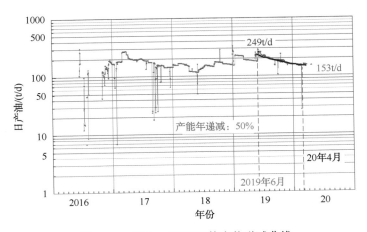

图 5-10 SHB1-2H 连通体产能递减曲线

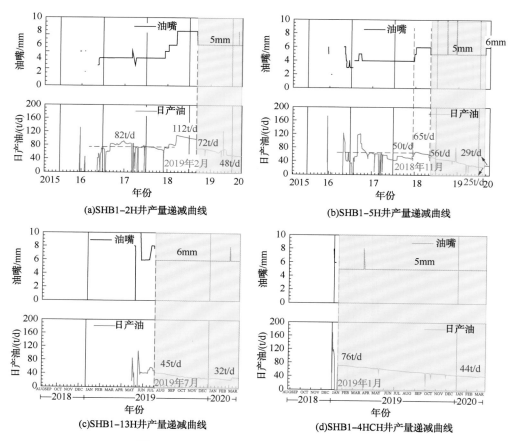

图 5-11　SHB1-2H 连通体单井产能递减曲线

表 5-2　单井产能损失计算统计表

连通体	井　号	初期产能/ (t/d)	目前产能/ (t/d)	产能损失 程度/%	地层压力 下降幅度/%
SHB1-2H	SHB1-13CH	61	28	54.1	48.2
	SHB1-2H	567	328	42.2	32.5
	SHB1-5H	349	216	38.1	31.7
	SHB1-4HCH	113	62	45.1	37.9
	SHB1-4H	224	121	46.0	46.1
SHB1-1H	SHB1-1H	2299	1151	49.9	32.6
	SHB1-20H	271	162	40.2	30.4
	SHB1-7H	434	324	25.3	28.2
平均				41	36

　　研究揭示：顺北 1 号断裂带油井见水前，产能递减的主要控制因素是压力下降（图 5-12）。

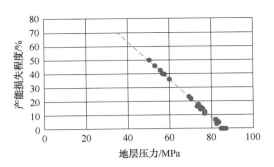

图 5-12 SHB1-1H、SHB1-2H 连通体
单井产能损失−地层压力散点图

（2）见水后产能递减。

S99 井组位于单元北部断隆带上，受 TP12 和 S99 两条深大断裂控制，2012 年 12 月投产，共部署井位 19 口、斜井 2 口、侧钻水平井 1 口（图 5-13）。

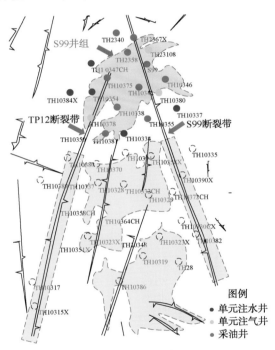

图 5-13 S99 井组井位图

井组目前共开井 15 口，其中自喷采油井 8 口，机抽井 7 口。井组累产油 268×10^4t，综合含水 21%，平均单井累产油 17.9×10^4t（图 5-14）该井组开发特征表现为：产能高，综合含水低，能量充足，稳产难度大。

2010 年 10 月，高产井（S99 井）零星见水，缩嘴控液（10mm 降至 6mm），同年 12 月，另外两口高产井（TH10342 井、TH10346 井）考虑单井存在见水风险，主动缩嘴控液。井组日产油从 971t 下降至 333t，产能年递减 6.9%，符合双曲递减

（图 5-15）。目前工作制度条件下，预计 3 年后日产油 263t，5 年后日产油 216t，10 年后日产油 101t。对比顺北 1 号带，递减趋势较缓。

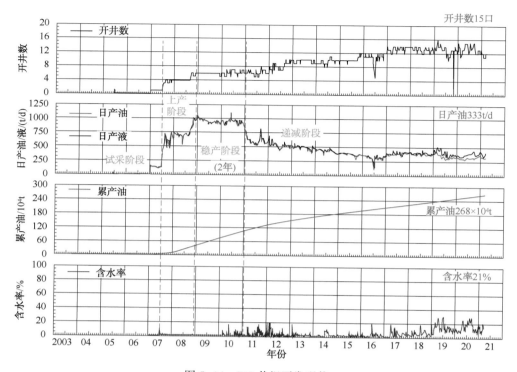

图 5-14　S99 井组开发现状

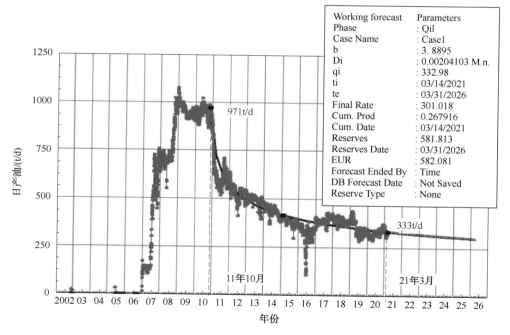

图 5-15　S99 井组产量递减曲线

S99 井组自喷采油井 8 口：TH12340、TH12358、S99、TH10346、TH10342、TH10338、TH10375、TH10378，产量递减曲线如图 5-16 所示。

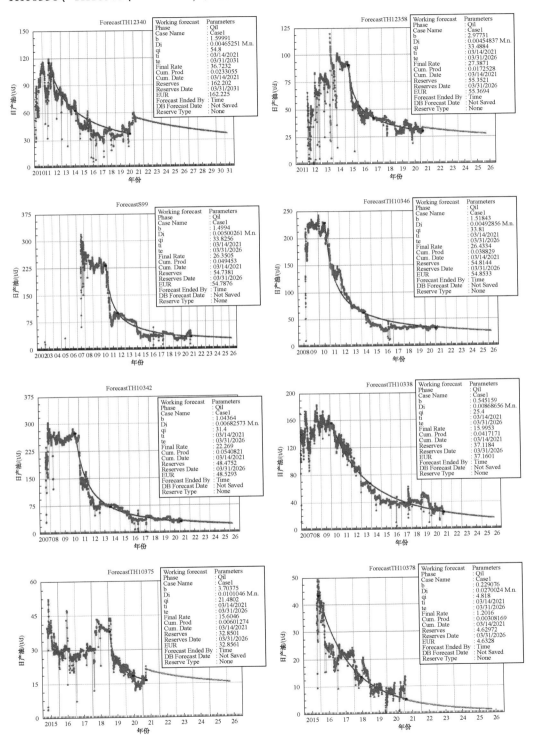

图 5-16　S99 井组单井产量递减曲线

单井产能递减差异较大，TP12断裂带井（TH10375、TH10378）平均单井产能年递减23.7%；S99断裂带（TH10346、TH10342、TH10338、S99）平均单井产能年递减8.7%；断裂交汇处（TH12340、TH12358）平均单井产能年递减9.6%。

TP12断裂带2口自喷井（TH10375、TH10378），均因油井出水，缩嘴控液，产量递减迅速（图5-17）。

TH10375井，2017年12月，油井见水，缩嘴控液（油嘴从4.5mm降至3.5mm），产油量从22t/d减至9t/d，年递减23.8%，符合双曲递减。

TH10378井，2019年3月，油井见水，缩嘴控液（油嘴从6mm降至4.5mm），产油量从43t/d减至24t/d，年递减23.7%，符合双曲递减。

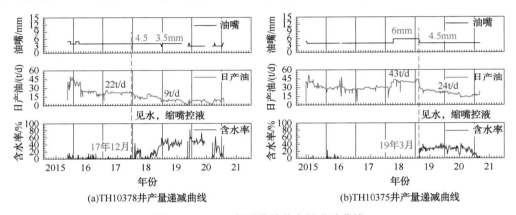

(a)TH10378井产量递减曲线　　　　(b)TH10375井产量递减曲线

图5-17　TP12断裂带单井产量递减曲线

S99井，2010年10月，油井零星见水，缩嘴控液（油嘴从10mm降至6mm），产油量从222t/d减至34t/d，年递减8.9%，符合双曲递减。

TH10342井，2010年12月，考虑单元存在见水风险，主动缩嘴控液（油嘴从10mm降至7mm），产油量从265t/d减至73t/d，年递减9.5%，符合双曲递减。

TH10346井，2017年12月，油井零星见水，缩嘴控液（油嘴从8.5mm降至7mm），产油量从214t/d减至42t/d，年递减9.1%，符合双曲递减。

TH10338井，产能（8mm油嘴条件下）从166t/d减至83t/d，年递减7.4%，符合双曲递减（图5-18）。

S99断裂带有4口自喷井（S99、TH10342、TH10346、TH10338），其中3口（S99、TH10342、TH10346）零星出水或考虑单元出水风险，缩嘴控液，造成油井产能下降。TH0338井未见水，同一油嘴条件下（8mm），能量逐渐下降，明确该井产能递减的诱因为能量下降。整体上，盖断裂带油井递减较缓，明显低于西部TP12断裂带。

断裂交汇处的2口自喷井（TH12358、TH12340）中，TH12358井零星见水，缩嘴控液，造成产量递减；TH12340井未见水，同一油嘴条件（8mm），日产油量从105t降至50t，期间该井能量下降，明确该井因能量逐渐下降，导致产能递减（图5-19）。

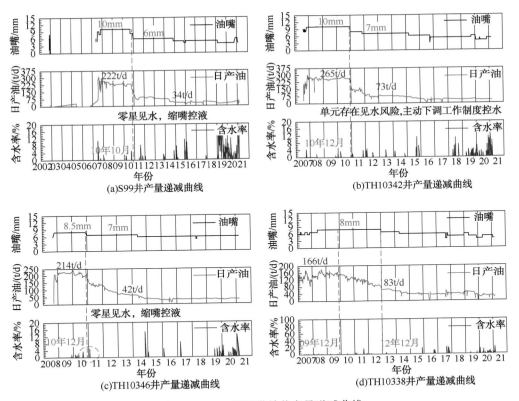

图 5-18 S99 断裂带单井产量递减曲线

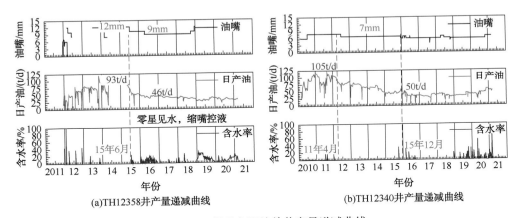

图 5-19 断裂交汇处单井产量递减曲线

TH12358 井，2015 年 6 月，油井零星见水，缩嘴控液（油嘴从 12mm 降至 9mm），产油量从 93t/d 减至 46t/d，年递减 11.1%，符合双曲递减。

TH12340 井，产能（7mm 油嘴条件下）从 105t/d 减至 50t/d，年递减 8.1%，符合双曲递减。

5.1.2 压力变化规律

顺北 1 号断裂带，截至 2020 年 4 月，共开展流压测试 336 次，静压测试 74 次，压力测试资料十分丰富。研究中筛选"地层静压"和"油压"评价单井能量，通过计算 D_{pr} 和 N_{pr} 评价连通体的能量状况。筛选计算万吨液压降（地层每采出 1×10^4t 液的地层压降），评价单井、连通体和断裂带的能量下降速度。

TP12 断裂带，对比动液面、地层静压、油压，评价单井和断裂带的能量。

1）顺北 1 号带能量特征

（1）原始地层能量。

顺北 1 号带断裂带共发育 5 个连通体分布在主干断裂上，1 个关联体分布在分支断裂上（图 5-20）。统计分析顺北 1 号断裂带不同连通体单井初期静压测试资料，按压力梯度折算至同一深度（7500m）的压力（表 5-3）。

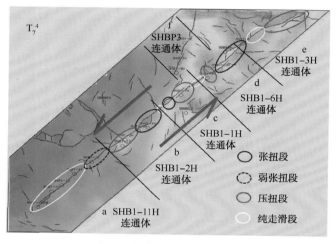

图 5-20　顺北 1 号断裂带断裂活动特征分段图

表 5-3　顺北 1 号带不同连通体原始地层压力统计表

连通体	井　名	原始地层压力（7500m）/MPa
SHB1-11	SHB1-16H	85.5
	SHB1-15	87.9
	SHB1-12	83
	SHB1-14	83.1
	SHB1-11	87.2
	平　均	85.3
SHB1-2	SHB1-24X	85
	SHB1-13CH	86
	SHB1-2H	86
	SHB1-5H	86
	SHB1-4H	85.9
	平　均	85.8

连通体	井　名	原始地层压力（7500m）/MPa
SHB1-1	SHB1-23H	85
	SHB1-1H	86.7
	SHB1-20H	85
	SHB1-7H	84.3
	平　均	85.3
SHB1-6	SHB1-22H	82
	SHB1-6H	85.3
	SHB1-18H	84.1
	SHB1-10H	82.6
	SHB1-19H	84.3
	SHB1CX	82.3
	平　均	83.4
SHB1-3	SHB1-3	85.7
SHBP3H	SHB1-8H	85.9
	SHBP3H	84.5
	SHB1-17H	87.2
	SHB1-9	86.2
	平　均	86

统计分析单井初期地层静压（图 5-21）表明：顺北 1 号主断裂带的 5 个连通体（SHB1-11、SHB1-2、SHB1-1、SHB1-6 和 SHB1-3）原始地层压力为 85.6MPa，分支断裂的关联体（SHBP3H）的原始地层压力约为 85MPa，顺北 1 号带单井原始地层能量差异较小。

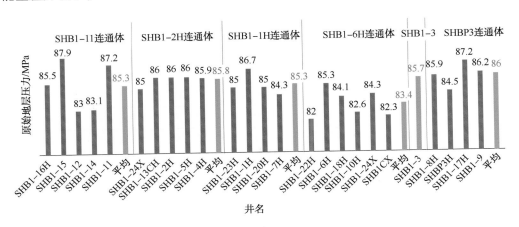

图 5-21　顺北 1 号带原始地层压力统计直方图

（2）目前地层能量。

整理分析顺北 1 号带单井静压测试资料，按压力梯度折算至油藏同一深度（7500m），压力这算结果如表 5-4 所示。

表 5-4　顺北 1 号带单井静压测试数据统计表

井　名	测试时间	中部压力/ MPa	中部深度/ m	压力梯度	静压（7500m）/ MPa
SHB1-10H	2018 年 3 月 10 日	78.45	7533.83	0.54	78.27
SHB1-12	2018 年 12 月 28 日	67.65	7625.67	0.62	66.87
SHB1-13CH	2019 年 6 月 1 日	56.25	7637.2	0.51	55.55
SHB1-14	2018 年 11 月 14 日	78.83	7649.5	0.6	77.94
SHB1-15	2018 年 12 月 2 日	85.85	7812	0.61	83.95
SHB1-16H	2018 年 12 月 23 日	45.86	7720.25	0.58	44.57
SHB1-16H	2018 年 2 月 7 日	73.82	7720.25	0.62	72.44
SHB1-17H	2019 年 4 月 26 日	83.7	7605.9	0.57	83.09
SHB1-18H	2019 年 9 月 17 日	74.19	7388.35	0.97	75.27
SHB1-19H	2019 年 8 月 16 日	57.84	7360.01	0.51	58.56
SHB1-1H	2015 年 9 月 25 日	83.64	7544.02	0.57	83.39
SHB1-1H	2015 年 10 月 6 日	83.48	7544.02	0.56	83.23
SHB1-1H	2015 年 11 月 10 日	83.08	7544.02	0.56	82.84
SHB1-1H	2015 年 12 月 28 日	82.75	7544.02	0.56	82.51
SHB1-1H	2016 年 2 月 11 日	82.55	7544.02	0.57	82.3
SHB1-1H	2016 年 3 月 21 日	82.29	7544.02	0.56	82.04
SHB1-1H	2016 年 6 月 5 日	82.04	7544.02	0.55	81.8
SHB1-1H	2016 年 6 月 15 日	83.64	7544.02	0.59	83.38
SHB1-1H	2016 年 11 月 30 日	75.98	7544.02	0.56	75.74
SHB1-1H	2017 年 8 月 9 日	73.92	7544.02	0.55	73.68
SHB1-1H	2020 年 3 月 21 日	50.6	7544.02	0.52	50.38
SHB1-20H	2019 年 3 月 21 日	56.5	7484.32	0.55	56.59
SHB1-22H	2019 年 12 月 20 日	54.52	7473.19	0.52	54.66
SHB1-22H	2020 年 1 月 7 日	49.02	7473.19	1.06	49.3
SHB1-24X	2020 年 1 月 12 日	78.77	7762.5	0.58	77.24
SHB1-2H	2016 年 8 月 8 日	82.86	7629.56	0.58	82.1
SHB1-2H	2016 年 10 月 30 日	74.94	7629.56	0.59	74.18
SHB1-2H	2016 年 11 月 12 日	74.09	7629.56	0.6	73.32
SHB1-2H	2017 年 1 月 24 日	74.19	7629.56	0.59	73.43
SHB1-2H	2017 年 10 月 25 日	69.71	7629.56	0.58	68.96

井　名	测试时间	中部压力/ MPa	中部深度/ m	压力梯度	静压（7500m）/ MPa
SHB1-3	2016 年 7 月 16 日	83.46	7307.99	0.55	84.51
SHB1-3	2016 年 9 月 11 日	78.22	7307.99	0.54	79.26
SHB1-3	2016 年 9 月 25 日	78.14	7307.99	0.57	79.24
SHB1-3	2016 年 12 月 20 日	78.03	7307.99	0.54	79.07
SHB1-3	2017 年 5 月 29 日	77.86	7307.99	0.55	78.91
SHB1-3	2019 年 5 月 19 日	73.02	7307.99	0.53	74.04
SHB1-4H	2016 年 8 月 18 日	82.53	7561.96	0.59	82.17
SHB1-4H	2016 年 10 月 31 日	77.19	7561.96	0.6	76.82
SHB1-4H	2017 年 1 月 25 日	75.23	7561.96	0.59	74.86
SHB1-4H	2017 年 9 月 10 日	70.31	7561.96	0.61	69.93
SHB1-4H	2018 年 5 月 20 日	58.11	7561.96	1.1	57.43
SHB1-4HCH	2019 年 1 月 15 日	60.7	7635.51	0.57	59.93
SHB1-5H	2016 年 7 月 3 日	81.74	7529.1	0.59	81.57
SHB1-5H	2016 年 10 月 30 日	82.59	7529.1	0.61	82.42
SHB1-5H	2017 年 1 月 25 日	74.68	7529.1	0.59	74.51
SHB1-5H	2017 年 9 月 10 日	70.45	7529.1	0.58	70.28
SHB1-5H	2017 年 9 月 15 日	53.1	7529.1	0.55	52.94
SHB1-6H	2016 年 7 月 16 日	81.15	7350.38	0.56	81.98
SHB1-6H	2016 年 11 月 14 日	75.98	7350.38	0.56	76.81
SHB1-6H	2017 年 8 月 19 日	78.65	7350.38	0.55	79.48
SHB1-6H	2019 年 5 月 19 日	56.03	7350.38	0.51	56.8
SHB1-7H	2016 年 7 月 10 日	81.57	7403.99	0.56	82.11
SHB1-7H	2016 年 9 月 11 日	75.91	7403.99	0.56	76.45
SHB1-7H	2016 年 11 月 25 日	75.86	7403.99	0.56	76.4
SHB1-7H	2016 年 11 月 16 日	75.86	7403.99	0.56	76.4
SHB1-7H	2017 年 3 月 8 日	73.95	7403.99	0.56	74.48
SHB1-7H	2017 年 9 月 23 日	72.34	7403.99	0.56	72.88
SHB1-8H	2017 年 8 月 19 日	82.55	7493.07	0.57	82.59
SHB1-8H	2017 年 10 月 11 日	70.77	7493.07	0.56	70.81
SHB1-9	2017 年 8 月 30 日	79.87	7501.37	0.56	79.86
SHB1-9	2017 年 11 月 17 日	77.41	7501.37	0.56	77.4
SHB1-9	2018 年 1 月 13 日	85.42	7501.37	0.55	85.41
SHB1-9	2018 年 1 月 17 日	85.79	7501.37	0.55	85.78

井 名	测试时间	中部压力/MPa	中部深度/m	压力梯度	静压(7500m)/MPa
SHB1-9	2018 年 12 月 30 日	69.76	7501.37	0.54	69.75
SHB1CX	2017 年 2 月 4 日	79.75	7347.63	0.56	80.6
SHB1CX	2017 年 6 月 5 日	32.46	7347.63	1	33.98
SHB1CX	2018 年 10 月 8 日	71.67	7347.63	1.26	73.59
SHB1CX	2019 年 7 月 8 日	77.67	7347.63	1.04	79.25
SHB1CX	2020 年 4 月 18 日	50.48	7347.63	0.99	51.99
SHBP3H	2017 年 9 月 26 日	81.1	7517.61	0.57	81
SHBP3H	2017 年 11 月 25 日	64.92	7517.61	0.55	64.82
SHBP3H	2018 年 6 月 4 日	48	7517.61	0.52	47.91

以单井静压测试为基础，计算单井的万吨液压降，根据压降速度折算得同一时间单井地层压力(2020 年 3 月 24 日)(表 5-5)。顺北 1 号带单井目前地层压力如图 5-22 所示。

表 5-5　顺北 1 号带单井目前地层能量统计表

连通体	井 名	目前地层压力(7500m)/MPa
SHB1-11	SHB1-16H	72.2
	SHB1-15	71.6
	SHB1-12	64.0
	SHB1-14	77.9
	SHB1-11	66.7
	平　均	70.5
SHB1-2	SHB1-24X	76.2
	SHB1-13CH	44.6
	SHB1-2H	52.3
	SHB1-5H	51.8
	SHB1-4H	53.0
	平　均	53.4
SHB1-1	SHB1-23H	55.2
	SHB1-1H	65.0
	SHB1-20H	50.3
	SHB1-7H	56.3
	平　均	60.5

连通体	井　名	目前地层压力(7500m)/MPa
SHB1-6	SHB1-22H	58.0
	SHB1-6H	47.2
	SHB1-18H	54.2
	SHB1-10H	73.6
	SHB1-19H	66.1
	SHB1CX	58.4
	平　均	51.5
SHB1-3	SHB1-3	58.5
SHBP3H	SHB1-8H	73.6
	SHBP3H	36.3
	SHB1-17H	36.5
	SHB1-9	40.1
	平　均	52.5

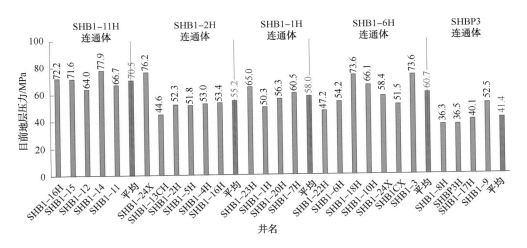

图 5-22　顺北 1 号带目前地层压力统计直方图

（3）压力保持程度。

依据油井静压测试数据（截至 2020 年 3 月 24 日），折算原始地层压力和目前地层压力，对比得单井压力保持程度（图 5-23）。

顺北 1 号带单井压力保持程度对比分析揭示两大能量特征：①主干断裂能量保持状况好于分支断裂，主干断裂压力保持程度为 69.58%，分支断裂为 61.08%；②主干断裂上，能量状况表现出南北高、中部低的特点，南北部压力保持程度为 76.38%，中部压力保持程度仅为 65.05%（表 5-6）。

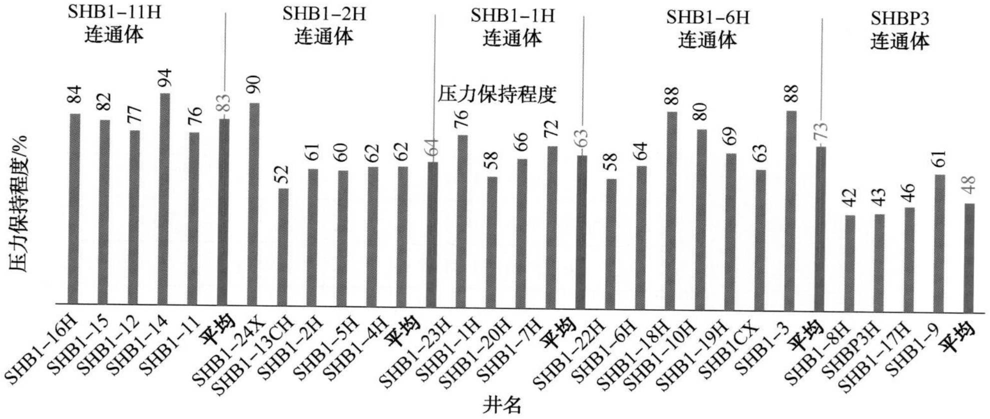

图 5-23 顺北 1 号带目前压力保持程度统计直方图

表 5-6 顺北 1 号带连通体压力保持状况统计表

断裂级别	连通体	原始地层静压（7500m）/MPa	目前地层静压（7500m）/MPa	压力保持程度/%
主干断裂	SHB1-11	85.34	70.5	82.61
	SHB1-2	85.5	53.4	62.46
	SHB1-1	85.25	60.5	70.97
	SHB1-6	83.43	51.5	61.73
	SHB1-3	83.4	58.5	70.14
分支断裂	SHBP3H	85.95	52.5	61.08

（4）压力下降速度。

计算顺北 1 号带 25 口单井的万吨液压降（表 5-7），分析研究表明：整体上顺北 1 号带压力下降迅速，其中分支断裂 SHBP3 连通体压降最快，连通体万吨压降 2.5MPa。主干断裂南部 SHB1-11H 和 SHB1-2H 连通体次之，连通体万吨压降 1.8MPa，主干断裂中北部 SHB1-1H、SHB1-6H 连通体相对较缓，平均单井万吨压降 0.9MPa（图 5-24）。

表 5-7 顺北 1 号带单井压降统计表

连通体	井 名	原始地层压力（7500m）/MPa	目前地层压力（7500m）/MPa	累计产液量/t	万吨液压降/MPa
SHB1-11	SHB1-16H	85.5	72.2	0.29	46.1
	SHB1-15	87.9	71.6	3.78	4.3
	SHB1-12	83	64.0	3.00	6.3
	SHB1-14	83.1	77.9	3.08	1.7
	SHB1-11	87.2	66.7	3.78	5.4

连通体	井　名	原始地层压力（7500m）/MPa	目前地层压力（7500m）/MPa	累计产液量/t	万吨液压降/MPa
SHB1-2	SHB1-24X	85	76.2	1.32	6.7
	SHB1-13CH	86	44.6	1.16	35.6
	SHB1-2H	86	52.3	9.14	3.7
	SHB1-5H	86	51.8	6.41	5.3
	SHB1-4H	85.9	53.0	2.13	15.4
	SHB1-4HCH	85.9	53.4	2.55	12.7
SHB1-1	SHB1-23H	85	65.0		
	SHB1-1H	86.7	50.3	17.29	2.1
	SHB1-20H	85	56.3	3.02	9.5
	SHB1-7H	84.3	60.5	10.62	2.2
SHB1-6	SHB1-22H	82	47.2	0.78	44.4
	SHB1-6H	85.3	54.2	14.73	2.1
	SHB1-18H	84.1	73.6	0.63	16.6
	SHB1-10H	82.6	66.1	5.58	3.0
	SHB1-19H	84.3	58.4	1.40	18.5
	SHB1CX	82.3	51.5	1.08	28.5
SHB1-3	SHB1-3	83.4	73.6	28.71	0.3
SHBP3H	SHB1-8H	85.9	36.3	3.74	13.3
	SHBP3H	84.5	36.5	4.08	11.8
	SHB1-17H	87.2	40.1	1.88	25.1
	SHB1-9	86.2	52.5	10.95	3.1

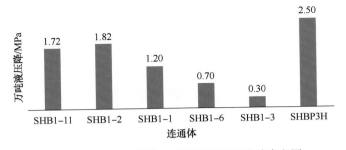

图 5-24　顺北 1 号带连通体压降速度统计直方图

2）顺北 1 号带能量下降主控因素

（1）断裂样式控制能量下降。

统计不同断裂样式的单井产能（表 5-8），平均单井能量下降速度中：压扭段<
张扭段<纯走滑。

表 5-8　不同断裂样式单井产能统计表

断裂样式	井　号	万吨液压降/MPa
压扭段	SHB1-6H	2.1
	SHB1-7H	2.2
	SHB1-2H	3.7
	平　均	2.7
张扭段	SHB1-3	0.3
	SHB1-20H	9.5
	SHB1-1H	2.1
	SHB1-4H	15.4
	SHB1-4HCH	12.7
	SHB1-5H	5.3
	SHB1-11	5.4
	平　均	7.2
纯走滑段	SHB1-14	1.7
	SHB1-12	6.3
	SHB1-15	4.3
	SHB1-16H	46.1
	平　均	14.6

　　压扭段生产井有 3 口，平均单井万吨液压降 2.7MPa；张扭段生产井有 7 口，平均单井万吨液压降 7.2MPa；纯走滑段生产井有 4 口，平均单井万吨液压降 14.6MPa。

　　压扭段，断溶体发育呈漏斗状，发育规模较宽，裂缝发育，储集体物性整体好，单井产能高，天然能量开发阶段，能量下降较缓。

　　张扭段，断溶体发育呈漏斗状，发育规模较窄，孔洞垮塌被压实，储集体物性较差，边部相对较好，天然能量开发阶段，能量下降较较。

　　走滑段，断溶体发育呈板状，发育规模较小，储集体物性一般，单井产能较低，天然能量开发阶段，能量下降迅速。

　　（2）缝洞体发育规模大，压降缓。

　　依据结构张量预测缝洞体的外部轮廓，剖析顺北 1 号带的结构张量剖面，对比连通体万吨液压降，证实缝洞体外部轮廓大，能量下降速度缓（图 5-25）。

　　（3）缝洞体丰度大，物性好，能量下降缓。

　　对比缝洞体丰度，剖析 SHB1-1H 和 SHB1-2H 两个连通体的丰度分布，对比单井压降，证实缝洞体丰度大，物性好，单井压降缓（图 5-26）。

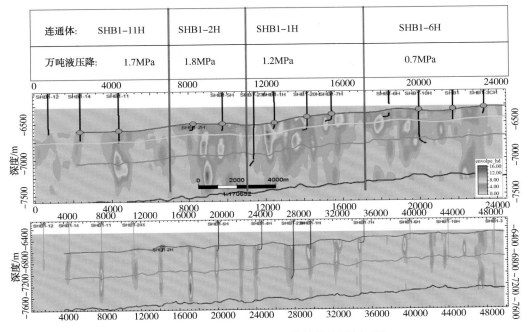

连通体:	SHB1-11H	SHB1-2H	SHB1-1H	SHB1-6H
万吨液压降:	1.7MPa	1.8MPa	1.2MPa	0.7MPa

图 5-25　SHB1 断裂带连通体结构张量剖面图

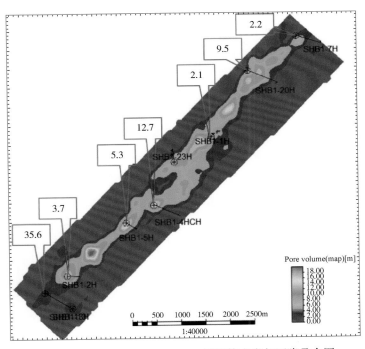

图 5-26　SHB1-1H、SHB1-2H 连通体丰度与压降叠合图

（4）TP12 断裂带能量特征。

利用动液面测试能量分析评价关键指标，TP12 断裂带单井动液面检测资料十分丰富（表 5-9）。

表5-9 TP12CX 断裂带动液面统计表

缝洞单元	井名	日期	油压/MPa	静压/MPa	动液面/m	日液/t	日油/t	含水/%	含水指示	能量指示	累油/10⁴t	关停时 液/t	关停时 油/t	关停时 含水/%	关停日期
	TH12239	2019/3/31	11		482				投产见水	<N/A>	1.029	7.7	0	100	2019/1/24
	TH12252	2019/3/31	18	64			0		缓慢上升	<N/A>	11.887	16.2	8.1	50.1	2019/1/4
	TH12269	2019/3/31	0		1855	40.2	14	65.1	缓慢上升	<N/A>	2.275				
TH12-3	TH12243	2019/3/31	1		0	18.8	17.7	6	投产见水	缝洞反厂	3.887				
	TH12273	2019/3/31	1			20.7	13.6	34.5	缓慢上升	<N/A>	4.017				
	TH12380H	2019/3/31	0.8		466	17.4	15.9	8.8	台阶上升	回K点	2.822				
	TH12383H	2019/3/31	16.6		1645	25.2	5.8		快速上升	回K点	0.506	78.2	11.8	84.9	2018/12/29
	TH12372	2019/3/22	0		817			77	缓慢上升	回K点	3.773				
	TH12389				1425				投产见水	回K点	0.116	9.8	5.8	41.3	2017/1/16
	TH12360	2019/3/31			650				投产见水	回K点	0.363	20.9	2.7	87.2	2015/2/27
	TH12384H	2019/3/31	1.1			47.7	47.7	0	全程无水	回K点	5.073				
TH12-2	TH12369														
	TH12369CH	2019/3/31	2		813	33.3	33.3	0	全程无水	回K点	6.538				
	TH12385H	2019/3/31	0.8		1653	7.2	7.2	0	全程无水	<N/A>	2.68				
	TH12395	2019/3/31	1.3		1613	21.5	21.5	0	全程无水	<N/A>	2.079				
	TH12382	2019/3/31	1.6			40.2	40.2	0	全程无水	回K点	5.637				
TH12-1	TH12340	2019/3/31	5			35.3	35.3	0	全程无水	回K点	20.183				
	TH12367X	2019/3/31	1		311	33.2	33.2	0	全程无水	<N/A>	5.437				
	TH12358	2019/3/31	2		320	38.2	28.2	26.2	全程无水	回K点	14.94				

缝洞单元	井名	日期	油压/MPa	静压/MPa	动液面/m	日液/t	日油/t	含水/%	含水指示	能量指示	累油/10⁴t	关停时			关停日期
												液/t	油/t	含水/%	
TP-8	TK1058	2019/3/31	0.9		160	35.9	32.2	10.4	快速上升	凹K点	4.578				
	TK1078	2019/3/31	1.4		2752	20	7.2	63.8	快速上升	凹K点	25.761				
	T739	2019/3/31	1		520	34.6	11.1	68	台阶上升	直线下降	24.284				
	TH10419	2019/3/31	1.6	63	135	143	81.2	43.2	快速上升	缝洞反厂	44.638				
	TH10420X	2019/3/31	4.3	62	590	69.5	2.2	96.8	暴淹	缝洞反厂	5.682	56.2	0	100	2015/8/21
	TH10421	2019/3/31	0.9	63	788				暴淹	<N/A>	19.228				
	TH10422CX	2019/3/31	0		587				台阶上升	缝洞反厂	15.175	86.9	0	100	2015/12/5
	TH10423X	2019/3/31	9.2		0	52	51.9	0.2	全程无水	<N/A>	50.069	8.5	4.7	44.4	2014/8/9
	TH10426X								投产见水	凹K点	0.119				
TP-9 & TH10-1	TH10426XCH	2019/3/31	5.7		25	64.5	64.3	0.3	全程无水	凹K点	10.638				
	TK1001CH	2019/3/31	1.1	63		52.7	0	100	全程无水	凸K点	34.317				
	TK1024	2019/3/31	0.9	65	387	77.2	39.5	48.8	暴淹	凹K点	36.19	54.5	0	100	2017/12/3
	TK1063X	2019/3/31	1.1	62	356				暴淹	<N/A>	20.924	20.3	11.7	42.5	2019/3/18
	TP103	2019/3/31	1.7						快速上升	凸K点	22.521				
	TP136X	2019/3/31	1	58	1808	23.5	18.4	21.5	快速上升	凹K点	12.224				
	TP158								投产见水	凹K点	0.269	18.4	8.6	53.5	2013/8/9
	TP182X	2019/3/31	1.1	62	603	134.8	0	100	暴淹	<N/A>	1.523				

深层断溶体油藏建模数模一体化技术

缝洞单元	井名	日期	油压/MPa	静压/MPa	动液面/m	日液/t	日油/t	含水/%	含水指示	能量指示	累油/10^4t	关停时 液/t	关停时 油/t	关停时 含水/%	关停日期
	TH10303	2019/3/31	1		126	40.9	40.9	0.1	全程无水	凸K点	25.077				
	TH10427XCH	2019/3/31	1.2		592	21.7	21.6	0.5	全程无水	凸K点	10.249				
TH10-2	TH10432	2019/3/31	1.8		2440	30.6	30.5	0.2	全程无水	直线下降	4.976				
	TH10434	2019/3/31	0.5		1940	14.6	0.6	96	暴淹	<N/A>	2.446				
	TH10435H	2019/3/31	2.3			22.3	22.3	0.2	全程无水	直线下降	11.224				
	TH10440X	2019/3/31	0.6		521	27	26.9	0.4	全程无水	<N/A>	2.173				
	T756														
TH10-3	TH10433H	2019/3/31	4.4		115	3.4			快速上升	凹K点	3.952	103.3	0	100	2019/3/14
	T756CH	2019/3/31	1.1		1935			100	台阶上升	凹K点	4.773				
TH10-4	TH10302	2019/3/31	0		106		0		暴淹	凹K点	7.681	26	1	96	2019/2/18
	TH10438				2182				暴淹	<N/A>	0.187	109	0	100	2017/4/8
TH10-5	TH10304	2019/3/31	0	66		16.8	5.5		快速上升	<N/A>	18.829	44.8	0	100	2014/11/23
	TH10361X	2019/3/31	1.5		1006			67	暴淹	<N/A>	2.405				
	TH10351X	2019/3/31	7.3			19.5	19.5	快速上升	<N/A>	17.932					
TH10-6	TH10358	2019/3/31							投产见水	<N/A>	0.049	5.4	0.1	98	2014/7/27
	TH10360	2019/3/31	2.2		266	34.7	34.7	0	全程无水	凹K点	9.711				
	TH10367	2019/3/31	4.8			29.6	29.6	0	全程无水	凹K点	5.16				

缝洞单元	井名	日期	油压/MPa	静压/MPa	动液面/m	日液/t	日油/t	含水/%	含水指示	能量指示	累油/10⁴t	关停时 液/t	关停时 油/t	关停时 含水/%	关停日期
	T728CH	2019/3/31	3	39	182	50.5	0	100	<N/A>	<N/A>	4.321				
	TH10328	2019/3/31	0.1	60	208				快速上升	直线下降	9.267	27.4	3.9	85.8	2011/2/16
	TH10336								快速上升	<N/A>	1.428	66.6	0	100	2012/12/1
	TH10337	2019/3/31	9.5	66					暴淹	<N/A>	2.584	3.4	0	100	2015/12/28
	TH10338	2019/3/31	5.4			48	48	0	全程无水	凹K点	39.291				
	TH10342	2019/3/31	4.7			34.7	34.7	0	全程无水	凹K点	51.612				
	TH10347								缓慢上升	<N/A>	2.787	6.3	6.3	0	2015/9/30
TH10-7	TH10347CH	2019/3/31	5.1	78		44.9	44.9	0	全程无水	<N/A>	3.703				
	TH10348	2019/3/31	6.7						暴淹	<N/A>	0.217	52.4	0	100	2019/3/21
	TH10350	2019/3/31	1.5		1485	8.6	8.6	0	快速上升	<N/A>	2.34				
	TH10354	2019/3/31	0.8		219	43.6	0.4	99	全程无水	<N/A>	4.549				
	TH10358CH	2019/3/31	6.3	65		34.8	34.8	0	全程无水	<N/A>	4.685				
	TH10370	2019/3/31	2.5		0	24.1	22.1	8.2	快速上升	凹K点	4.575				
	TH10375	2019/3/31	3.8			36.5	27.9	23.6	全程无水	凹K点	4.613				
	TH10378	2019/3/31	4			13.8	9.3	32.6	全程无水	<N/A>	2.659				

绘制动液面等值图(图5-27)，对比分析表明：平面上，断裂带北段动液面低于南段，北段地层压力较高。

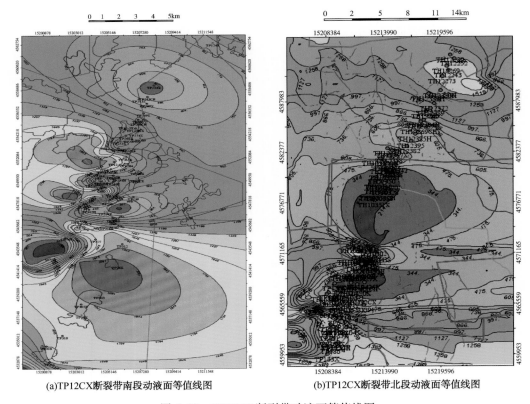

(a)TP12CX断裂带南段动液面等值线图　　(b)TP12CX断裂带北段动液面等值线图

图5-27　TP12CX断裂带动液面等值线图

断裂带南段：北部的动液面低，地层能量高。注水井集中分布在北部，能量补充效果显著。

断裂带北段：中部动液面低，地层能量高，注水井分布较均匀，但中部注水强度大，补充能量效果明显好于南北部。

5.2　开发方案设计

5.2.1　新井部署原则与对策

综合前期研究认识可知，影响单井产能的因素较多，包括构造位置、井点储集体发育，油气赋存情况等。本次井遵循以下原则：①优选局部构造高点；②优选储集体发育部位；③优选断裂集中发育区域；④结合地震流体检测有利区成果。

5.2.2　能量补充原则与方法

顺北油藏油层厚度大，更适合注水开发。SHB1-4HCH注水量240m³/d，

SHB1-5H 采液 70m³/d 时预测达 10 年，如图 5-28 所示，注入水的重力作用，易向下补充能量，与层状油藏对比，不易水窜，开发效果好。建议低注高采，避免水窜风险。

注水井的选井原则：①注采为同一连通体内、低注高采；②井底垂向深度低；③单井产能低；④目前产油量低；⑤油井能量低。

根据注水井选井原则，SHB1-2H 连通体选 SHB1-13CH 井、SHB1-4HCH 井为注水井(图 5-29~图 5-31)。

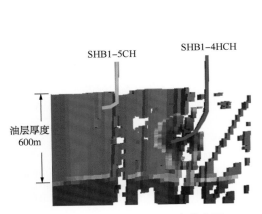

图 5-28　注水后含油饱和度分布图

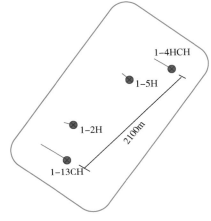

图 5-29　井位置图

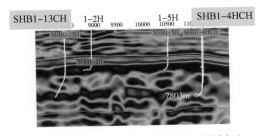

图 5-30　SHB1-2H 连通体连井钻深剖面

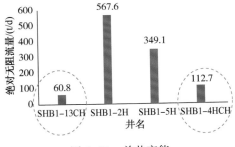

图 5-31　单井产能

针对顺北断控油藏提出"早注、缓注、低注、间注、试注"五注法的注水原则：

(1) 早注：保持地层压力与产能。顺北油藏平面呈条带型，水体仅为油藏的 2 倍左右，导致地层能量有限，开采过程中地层压力下降较快，直接影响产油能力，地层脱气后油更难采出，需要早注。

(2) 缓注：油藏断裂与裂缝发育，纵向呈漏斗型，存在注入水沿断裂面水窜风险，需要缓注。

(3) 低注：利用重力减小水窜，顺北油藏厚度为 600m，低注大大减缓水淹时间。

（4）间注（注采对应）：扩大波及。避免一注多采，导致注水量大，最近油井过早水淹。

（5）试注：减小风险。由于深层油藏地质的不准确性与非均质性，要有试注 1~6 个月，试注期内加强动态检测，从推荐方案逐步过渡到最优方案。

5.2.3 开发调整方案设计

1）基础方案预测

该方案以 2020 年 3 月的开发现状和油井工作制度为基础，流压低于 35MPa（饱和压力）关井，进行开发效果的预测。

SHB1-2H 连通体模拟结果显示，4 口油井 2022~2023 年相继低于饱和压力，不含水。SHB1-2H 井 2022 年 12 月脱气，脱气前累产油 10.2×10^4t；SHB1-5H 井 2022 年 11 月脱气，脱气前累产油 6.7×10^4t；SHB1-4HCH 井 2023 年 7 月脱气，脱气前累产油 4.7×10^4t；SHB1-13CH 井 2022 年 11 月脱气，脱气前累产油 2.5×10^4t（图 5-32、图 5-33）。

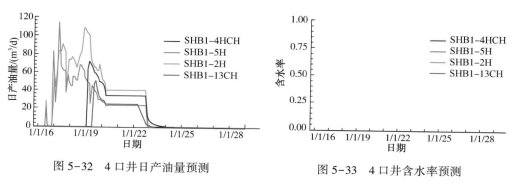

图 5-32　4 口井日产油量预测　　　　图 5-33　4 口井含水率预测

SHB1-2H 连通体模拟结果显示，4 口油井 2023 年相继低于饱和压力，不含水。SHB1-23H 井 2023 年 6 月脱气，脱气前累产油 2.4×10^4t；SHB1-1H 井 2023 年 7 月脱气，脱气前累产油 26.8×10^4t；SHB1-20H 井 2023 年 6 月脱气，脱气前累产油 8×10^4t；SHB1-7H 井 2023 年 5 月脱气，脱气前累产油 14×10^4t（图 5-34、图 5-35）。

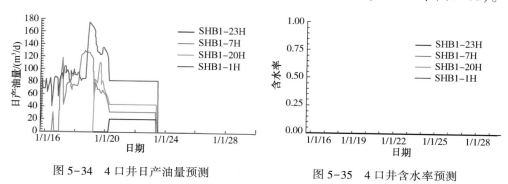

图 5-34　4 口井日产油量预测　　　　图 5-35　4 口井含水率预测

2）单井注水替油开发方式

方案设计：SHB1-5H 井、SHB1-2H 井以目前产液量生产，SHB1-13CH 井、SHB1-4HCH 井注水替油，SHB1-13CH 井日注水量为 250m³/d，SHB1-4HCH 井日注水量为 200m³/d，单井采液 50m³/d，焖井 10d，地层压力、产量变化、含水预测。预测 1 年（一轮次）。

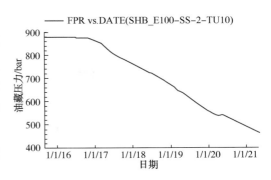

图 5-36　油藏压力预测

模拟结果：单井注水替油，不利于能量整体的恢复，注入水的回采率为 34%，不可行（图 5-36~图 5-38）。

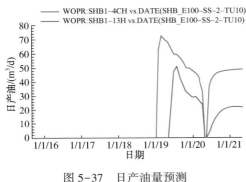

图 5-37　日产油量预测

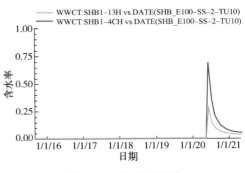

图 5-38　含水率预测

3）SHB1-2H 连通体注水方案

（1）一注三采方案。

最优方案：SHB1-13CH 井注水，SHB1-2H 井、SHB1-5H 井、SHB1-4HCH 井采油。SHB1-13CH 井注水量 665m³/d，SHB1-2H 井采液 90m³/d，SHB1-5H 井采液 110m³/d，SHB1-4HCH 井采液 100m³/d，3 口井产液 300m³/d，地下注采比 1:1，10 年累产油 97×10⁴m³（77×10⁴t），预测 2025 年 10 月 SHB1-2H 井见水（图 5-39~图 5-42）。

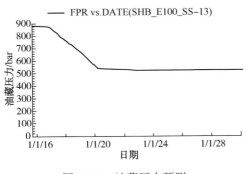

图 5-39　油藏压力预测

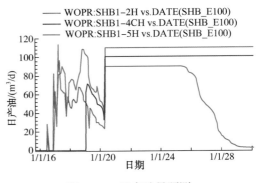

图 5-40　日产油量预测

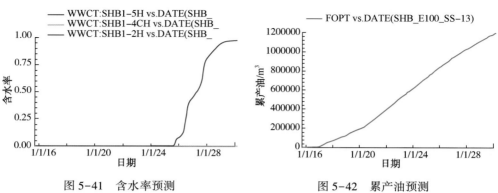

图 5-41　含水率预测　　　　　　　　　图 5-42　累产油预测

推荐方案：SHB1-13CH 井注水，SHB1-2H 井、SHB1-5H 井、SHB1-4HCH 井采油。SHB1-13CH 井注水量 400m³/d，SHB1-2H 井采液 70m³/d，SHB1-5H 井采液 60m³/d，SHB1-4HCH 井采液 50m³/d，3 口井产液 180m³/d，地下注采比 1∶1，10 年累产油 64×10⁴m³（51×10⁴t），预测 9 年半后 SHB1-2H 井见水（图 5-43～图 5-46）。

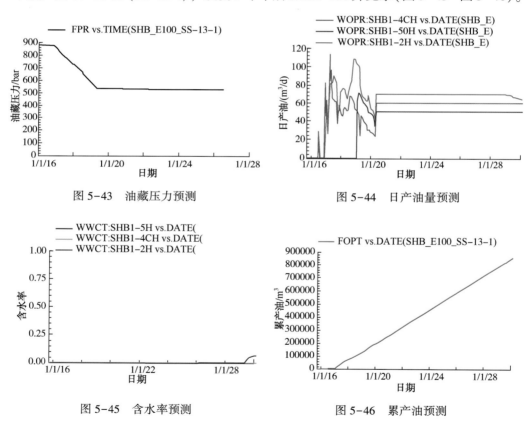

图 5-43　油藏压力预测　　　　　　　　图 5-44　日产油量预测

图 5-45　含水率预测　　　　　　　　　图 5-46　累产油预测

（2）两注两采方案。

最优方案：SHB1-13CH 井、SHB1-4HCH 井注水，SHB1-2H 井、SHB1-5H 井采油。SHB1-13CH 井、SHB1-4HCH 井两口井注入量 1000m³/d（各 500m³/d），

SHB1-2H 井采液 180m³/d，SHB1-5H 井采液 120m³/d，两口井产液 300m³/d，地下注采比 1.5∶1，10 年累产油 107×10⁴m³（85×10⁴t），无水，预测 3 年半后地层压力恢复 100%（图 5-47~图 5-50）。

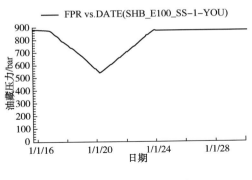

图 5-47　油藏压力预测

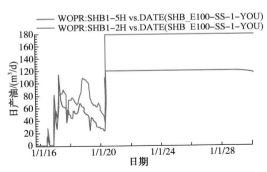

图 5-48　日产油量预测

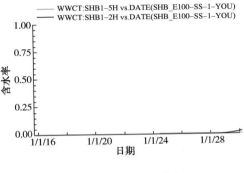

图 5-49　含水率预测

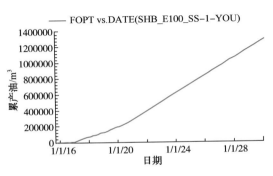

图 5-50　累产油预测

推荐方案：SHB1-13CH 井、SHB1-4HCH 井注水，SHB1-5H 井、SHB1-2H 井采油。SHB1-13CH 井注水量 220m³/d，SHB1-4HCH 井注水量 240m³/d，两口井注入量 460m³/d，SHB1-2H 井采液 110m³/d，SHB1-5H 井采液 70m³/d，两口井产液 180m³/d，地下注采比 1.16∶1，10 年累产油 65×10⁴m³（52×10⁴t），无水，预测地层压力 10 年后恢复至 82%（图 5-51~图 5-54）。

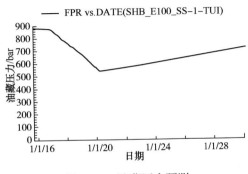

图 5-51　油藏压力预测

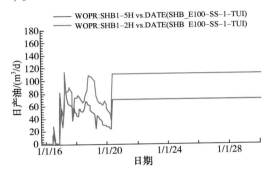

图 5-52　日产油量预测

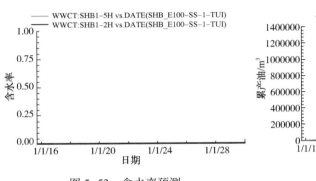

图 5-53 含水率预测

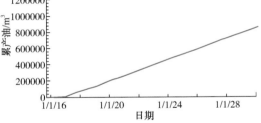

图 5-54 累产油预测

4) SHB1-1H 连通体注水方案

最优方案：SHB1-23H 井注水，SHB1-1H 井、SHB1-20H 井、SHB1-7H 井采油。SHB1-23H 井注水量 1000m³/d，SHB1-1H 井采液 200m³/d，SHB1-20H 井采液 120m³/d，SHB1-7H 井采液 120m³/d，3 口井产液 440m³/d，地下注采比 1.03∶1，10 年累产油 $158×10^4 m^3$（$126×10^4 t$），油井 10 年未见水（图 5-55~图 5-58）。

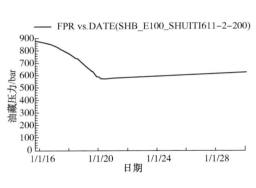

图 5-55 油藏压力预测

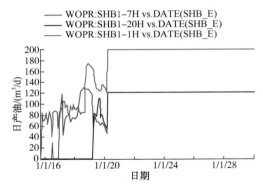

图 5-56 日产油量预测

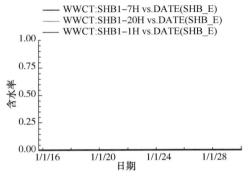

图 5-57 含水率预测

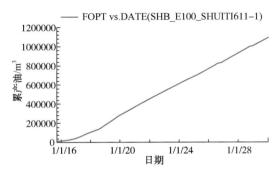

图 5-58 累产油预测

推荐方案：SHB1-23H 井注水，SHB1-1H 井、SHB1-20H 井、SHB1-7H 井采油。SHB1-23H 井注水量 600m³/d，SHB1-1H 井采液 100m³/d，SHB1-20H 井采液 60m³/d，SHB1-7H 井采液 60m³/d，3 口井产液 220m³/d，地下注采比 1.24：1，10 年累产油 79×10⁴m³（63×10⁴t），预测油井 10 年未见水（图 5-59~图 5-62）。

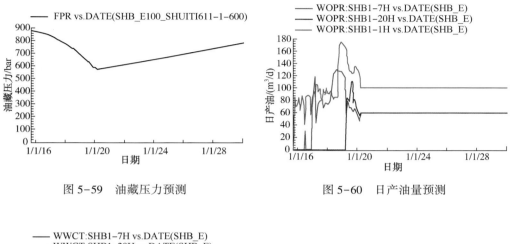

图 5-59　油藏压力预测

图 5-60　日产油量预测

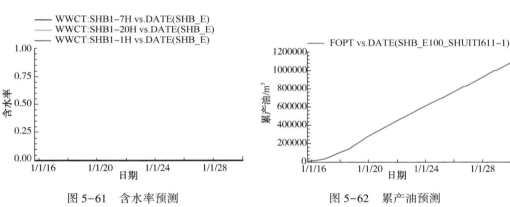

图 5-61　含水率预测

图 5-62　累产油预测

5）建议实施方案

由于油藏地质的不准确性与非均质性，注水过程要加强注采井的产液与压力检测，动态跟踪、实时注采量优化调整。

配套动态监测如下：

（1）注水前测试静压，注水过程中每 1 个月测试一次流压。

（2）强化注水井、油井资料录取工作，确保资料准确性。

（3）做好井组内油井流压资料录取工作，跟踪能量指示曲线变化情况。

6 建模数模一体化技术发展趋势

国外针对缝洞型储层三维地质模型的研究较少，法国石油研究院利用波阻抗三维数据体初步刻画了缝洞储集体的空间分布特征，但储集体三维油藏属性参数（孔隙度和渗透率）按均质求取，只得到了碳酸盐岩缝洞型油藏三维地质概念模型，但未能描述出裂缝和溶洞大小悬殊、分布复杂的地质特点。国内针对缝洞型油藏地质建模，主要根据对碳酸盐岩缝洞发育规律，将碳酸盐岩岩溶垂向划带，钻井细分储层类型：溶洞型、孔洞型和裂缝型三类，应用"钻井资料硬控制、地震属性软约束"建模思路来构建储集体三维离散地质模型。目前已有的缝洞型储层储集体建模方法虽然都引入了地质概念和地球物理信息等对建模的约束，提出了"相控建模"的思路，但由于对缝洞型储层的形成机制、储层结构的认识、空间展布规律的认识不足，用于相控的相模型自身的精度不能保证，这直接制约着属性参数模型的准确程度。

国外油气藏数值模拟研究思想的萌芽可以追溯到 20 世纪 30 年代初期，经过近60 年的发展，油气藏数值模拟技术日臻成熟，而针对缝洞型油藏，主要基于双重介质概念，很多学者提出了不同的三重介质模型，还有学者通过在基质中附加孔隙度的方法考虑基质中溶洞的影响，建立了新的三重介质单相流的模型以及基质系统、裂缝系统和溶洞系统构成的三重介质的不同组合模式。针对缝洞型油藏数值模拟研究，国内为了研究更为复杂的油藏介质组合类型，人们提出了更高重数的介质模型，甚至嵌套式介质模型。但现场大量实例表明，仅增加介质重数并不能解决碳酸盐岩复杂介质油藏模拟问题，这是因为此类模型都是基于连续介质，而实际缝洞储集体是不连续介质，达西定律也不适用于缝洞储集体内流体流动。自 2006 年国家 973 项目"碳酸盐岩缝洞型油藏开发基础研究"和"十一五"至"十三五"期间国家重大专项"大型油气田及煤层气开发"启动以来，李阳首席科学家组织国内外各方力量，才真正开始了对缝洞型油藏全面深入研究，在缝洞型油藏流动规律、流动机理研究与数值模拟技术等诸方面都取得了实质性进展。初步形成了针对缝洞型油藏的"等效多重介质油藏数值模拟器""耦合型联立求解数值模拟器""缝洞组合体等效处理软件""缝洞型油藏自动历史拟合软件"。

基于缝洞型油藏建模数模的发展，认为建模数模一体化技术发展方向主要体现在以下几个方面：

1）不同缝洞系统原型库的构建

通过现代岩溶、古岩溶野外露头的考察，定量或定性描述岩溶系统内不同岩溶要素之间的空间配置关系及分布规律，为地质建模提供地质约束；

2）基于多点地质统计学建模方法的应用

多点地质统计建模方法与两点地质统计学建模方法相比，既可以表征储集体之间的统计规律，同时又可以表征储集体之间空间配置关系，但目前多点地质统计学主要应用于河流相的模拟，在缝洞型油藏地质建模中应用较少，需要进一步研究其在缝洞型油藏地质建模中的应用。

3）地质建模方法的研究

目前已有的建模方法主要应用于砂岩和常规碳酸盐岩，无法直接应用来表征缝洞型油藏储集体空间的分布，需要研究针对缝洞型油藏的建模方法。

4）缝洞油藏"三模合一"智能反演算法

三模合一算法的基本框架：三模合一算法基于高斯—牛顿迭代算法。定义缝洞型油藏未知物性参数为 $m \times 1$ 维的向量 s，定义实测生产数据为 $n \times 1$ 维的向量 y，则有：

$$y = h(s) + v \tag{6-1}$$

式中，h 为 KIMODELS 求解的正演模型，将参数空间从映射到测量空间；v 为误差函数，协方差为 $\boldsymbol{R}$ 的高斯分布，其包含了数据和正演模型 h 的误差。$s = \chi\beta$ 是先验概率为高斯分布的均值，其中 χ 为已知的 $m \times p$ 多项式矩阵，β 为 $p \times 1$ 的未知向量（一般地 $p = 1$）。通过贝叶斯定理和负对数似然函数，得到和后验概率密度分布，即

$$-\ln p^n(s, \beta) = \frac{1}{2}(y - h(s))^{\mathrm{T}}\boldsymbol{R}^{-1}(y - h(s)) + \frac{1}{2}(s - X\beta)^{\mathrm{T}}\boldsymbol{Q}^{-1}(s - X\beta) \tag{6-2}$$

式中，$\boldsymbol{Q}$ 为广义协方差矩阵。对上式中的 χ 和 β 求解极小值，就可以通过下述的高斯-牛顿方法计算得到最大后验概率或最似然值 $\hat{s}$。

假设实际的最大似然估计 $\hat{s}$ 接近 s，则将 $h(\hat{s})$ 线性化为：

$$h(\hat{s}) = h(\bar{s}) + H(\hat{s} - \bar{s}) \tag{6-3}$$

其中，$n \times m$ 维的雅各比矩阵 $\boldsymbol{H}$ 通过下式计算得到：

$$\boldsymbol{H} = \frac{\partial h}{\partial s}\Big|_{s = \bar{s}} \tag{6-4}$$

通过这种线性处理，下一次迭代的解 s 可以表示为：

$$\bar{s} = X\bar{\beta} + \boldsymbol{Q}\boldsymbol{H}^{\mathrm{T}}\bar{\xi} \tag{6-5}$$

其中，β 和 $\bar{\xi}$ 通过求解下式线性方程组得到：

$$\begin{bmatrix} \boldsymbol{HQH}^{\mathrm{T}} + \boldsymbol{R} & \boldsymbol{HX} \\ (\boldsymbol{HX})^{\mathrm{T}} & 0 \end{bmatrix} \begin{bmatrix} \bar{\xi} \\ \bar{\beta} \end{bmatrix} = \begin{bmatrix} y - h(s) + \boldsymbol{H}s \\ 0 \end{bmatrix} \tag{6-6}$$

重复上述步骤，直到 s 收敛。

三模合一的概念：基于多参数智能反演算法，融合地球物理模型、地质模型和

油藏动态模型信息的方法，实现油藏静动态精细化描述。

算法的目标：解决缝洞型油藏反演分析的多解性，建立三模合一的缝洞体精细描述方法，具有整体性、系统性、协调性和智能性。

三模合一反演算法的基本流程："三模合一"反演算法技术路线如图 6-1。按照此技术路线，可以将三模合一反演算法分为输入文件读取模块、KIMODELS 自动运行调用模块、目标函数计算模块、雅可比矩阵构建模块、地震和地质约束的协方差矩阵构建模块。

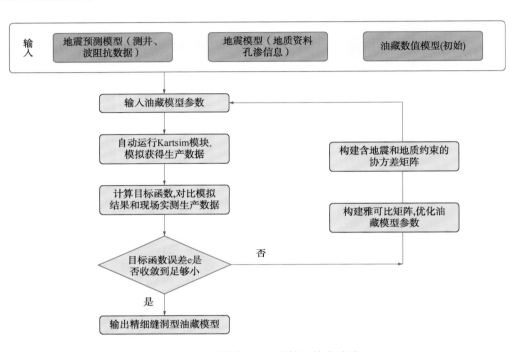

图 6-1 "三模合一"反演算法技术路线

目标函数的选择：计算模块中的目标函数，传统的反演算法的目标函数如图 6-2所示。这种目标函数没有考虑把地震、地质约束对模拟结果的影响，因此多解性较强。三模合一算法的目标函数如图 6-3 所示。红框内为地震、地质约束的协方差约束，其中 **H** 为雅各比矩阵，**CM** 为协方差矩阵。该算法以定量的压力、产量、含水率等生产数据为反演流程主导驱动力，以定量的地震数据体约束构建反演模型协方差矩阵，以定性的地质数据构建随机地质统计模型，克服了传统的目标函数的不足和缺陷。

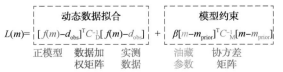

$$L(m)= [f(m)-d_{\text{obs}}]^{\text{T}}C_{\text{D}}^{-1}[f(m)-d_{\text{obs}}] + \beta[m-m_{\text{prior}}]^{\text{T}}C_{\text{M}}^{-1}[m-m_{\text{prior}}]$$

图 6-2 传统反演算法的目标函数

$$L(m) = \left(\frac{\mathrm{d}f}{\mathrm{d}m}\right)' C_D^{-1}[f(m) - d_{\mathrm{obs}}] + \boxed{\left[H - \left(\frac{\mathrm{d}f}{\mathrm{d}m}\right)' C_M^{-1} \frac{\mathrm{d}f}{\mathrm{d}m}\right]} [m - m_{\mathrm{prior}}]$$

图 6-3 三模合一反演算法的目标函数

求解中遇到的重要问题：缝洞型油藏参数反演问题的维度高，在求解雅各比矩阵时，传统牛顿迭代计算量大、反演时间长。如未知数量 m、生产数据数量 n，传统有限差分方法计算一次雅可比矩阵需运行正模型 $m2n$ 次。

解决方案：针对油藏反演问题求解中遇到的这些困难，采取层级矩阵租装技术和主元素低秩矩阵构造技术（见图 6-4）。

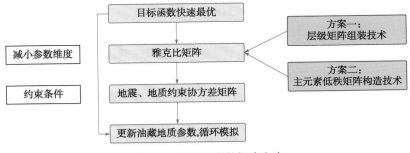

图 6-4 反演问题的解决方案

［1］Robert G L. 古洞穴碳酸盐岩储层：成因、埋藏改造、空间复杂性以及储集油气的意义［M］//中国石化集团新星石油公司西北油田局编译. 裂缝碳酸盐岩勘探开发和盐下地震成像技术，2000：1-34

［2］Ford D C. Ansactions of the Cave Research GrouP of Great Britain［M］. 1976，81-94.

［3］Craig D H. Caves and other Features of Permian Karst in Sand Andres Dolomite，Yates Field Reservoir，West Texas ［M］//James，N. P.，and Choquette. Paleokarst. Springer - Verlag，1988：342-363.

［4］Derek F. Paleokarst as a target for modern karstification ［J］. Carbonates and Evaporites，1995，10（2）：138-147.

［5］Edward G P，Dave W. Reservoir implications of modern karst topography ［J］. AAPG bulletin，1999，83（11）：1774-1794.

［6］Zeng H L，Loucks R G，Janson X，et al. Three-dimensional seismic geomorphology and analysis of the Ordovician paleokarst drainage system in the central Tabei Uplift，northern Tarim Basin，western China［J］. AAPG bulletin，2011，95（12）：2061-2083.

［7］Loucks R G. Paleocave carbonate reservoirs：origins，burial - depth modifications，spatial complexity，and reservoir implications：AAPG Bulletin ［J］. 1999，83（11）：1795-1834.

［8］鲁新便，胡文革，汪彦，等. 塔河地区碳酸盐岩断溶体油藏特征与开发实践［J］. 石油与天然气地质，2015，（3）：347-355.

［9］胡文革，鲁新便. 塔河碳酸盐岩缝洞型储集体的分类表征技术［C］//2015油气田勘探与开发国际会议论文集. 2015：1-10.

［10］罗群，姜振学，庞雄奇. 断裂控藏机理与模式［M］. 北京：石油工业出版社，2007：145-196.

［11］屈泰来，邬光辉，刘加良，等. 碳酸盐岩断裂相分类特征—以新疆塔里木盆地柯坪露头为例［J］. 地球学报，2011，32（5）：541-548.

［12］周文，李秀华，金文辉，等. 塔河奥陶系油藏断裂对古岩溶的控制作用［J］. 岩石学报，2011，27（8）：2339-2348.

［13］何治亮，金晓辉，沃玉进，等. 中国海相超深层碳酸盐岩油气成藏特点及勘探领域［J］. 中国石油勘探，2016，21（1）：3-14.

［14］龚福华，刘小平. 塔里木盆地轮古西地区断裂对奥陶系古岩溶的控制作用［J］. 中国岩溶，2003，22（4）：313-317.

［15］韩俊，曹自成，邱华标，等. 塔中北斜坡奥陶系走滑断裂带与岩溶储集体发育模式［J］. 新疆石油地质，2016，37（2）：145-151.

［16］韩长城，林承焰，鲁新便，等．塔河油田奥陶系碳酸盐岩岩溶斜坡断控岩溶储层特征及形成机制［J］．石油与天然气地质，2016，37（5）：644-652．

［17］周江羽，吕海涛，林忠民，等．塔河油田奥陶系岩溶作用模式及控制因素［J］．石油实验地质，2009，31（6）：547-550．

［18］鲁新便，蔡忠贤．缝洞型碳酸盐岩油藏古溶洞系统与油气开发：以塔河碳酸盐岩溶洞型油藏为例［J］．石油与天然气地质，2010，31（1）：22-27．

［19］赵敏，康志宏，刘洁．缝洞型碳酸盐岩储集层建模与应用［J］．新疆石油地质，2008，29（3）：318-320．

［20］刘钰铭．缝洞型碳酸盐岩储层建模方法研究—以塔里木盆地塔河油田奥陶系油藏为例［D］．中国石油大学（北京），2009：5-30．

［21］万方，崔文彬，李士超．RMS 提取技术在溶洞型碳酸盐岩储层地质建模中的应用［J］．现代地质，2010，24（2）：279-286．

［22］马晓强，侯加根，胡向阳等．论古岩溶洞穴型储层三维地质建模——以塔河油田四区奥陶系储层为例．地质论评，2013，59（2）：315-324．

［23］王根久，王桂宏，余国义等．塔河碳酸盐岩油藏地质模型．石油勘探与开发，2002，29（1）：109-111．

［24］刘立峰，孙赞东，杨海军．塔中地区碳酸盐岩储集相控建模技术及应用．石油学报，2010，31（6）：952-958．

［25］胡向阳，李阳，权莲顺，等．碳酸盐岩缝洞型油藏三维地质建模方法——以塔河油田四区奥陶系油藏为例［J］．石油与天然气地质，2013，34（03）：383-387．

［26］李阳，侯加根，李永强．碳酸盐岩缝洞型储集体特征及分类分级地质建模［J］．石油勘探与开发，2016，43（04）：600-606．

［27］吕心瑞，李红凯，魏荷花，等．碳酸盐岩储层多尺度缝洞体分类表征—以塔河油田 S80 单元奥陶系油藏为例［J］．石油与天然气地质，2017，38（04）：813-821．

［28］吕心瑞，韩东，李红凯．缝洞型油藏储集体分类建模方法研究［J］．西南石油大学学报（自然科学版），2018，40（01）：68-77．

［29］余智超，王志章，魏荷花，等．塔河油田缝洞型油藏不同成因岩溶储集体表征［J］．油气地质与采收率，2019，26（06）：53-61．

［30］刘钰铭，侯加根，李永强，等．多元约束的古岩溶碳酸盐岩洞穴储层分布建模方法——以塔河油田奥陶系油藏为例［J］．石油科学通报，2018，3（02）：125-133．

［31］侯加根，马晓强，刘钰铭，等．缝洞型碳酸盐岩储层多类多尺度建模方法研究：以塔河油田四区奥陶系油藏为例［J］．地学前缘，2012，19（02）：59-66．

［32］石书缘，乔辉，张旋，等．古岩溶系统训练图像制作［J］．复杂油气藏，2014，7（4）：6-10．

［33］Li Y. Development Theories and Methods of Fracture-Vug Carbonate Reservoirs. London：Academic Press；2017.

［34］张晓，李小波，荣元帅，等．缝洞型碳酸盐岩油藏周期注水驱油机理［J］．复杂油气藏，2017（02）：38-42．

［35］杨阳．缝洞型油藏水驱机理及注水开发模式研究［博士］：中国石油大学（北京）；2016．

［36］荣元帅，刘学利，杨敏．塔河油田碳酸盐岩缝洞型油藏多井缝洞单元注水开发方式［J］．石

油与天然气地质，2010，31（01）：28-32.

［37］胡广杰．塔河油田缝洞型油藏周期注水开发技术政策研究［J］.新疆石油地质，2014，35（01）：59-62.

［38］刘利清，刘培亮，蒋林．塔河油田碳酸盐岩缝洞型油藏量化注水开发技术［J］.石油钻探技术，2020，48（02）：104-107.

［39］李阳，康志江，薛兆杰，等．中国碳酸盐岩油气藏开发理论与实践［J］.石油勘探与开发，2018，45（04）：1-10.

［40］张伟，海刚，张莹．塔河油田碳酸盐岩缝洞型油藏气水复合驱技术［J］.石油钻探技术，2020，48（01）：61-65.

［41］荣元帅，胡文革，蒲万芬，等．塔河油田碳酸盐岩油藏缝洞分隔性研究［J］.石油实验地质，2015，37（05）：599-605.

［42］郑松青，崔书岳，牟雷．缝洞型油藏物质平衡方程及驱动能量分析［J］.特种油气藏，2018，25（01）：1-6.

［43］屈鸣，侯吉瑞，李军，等．缝洞型油藏三维可视化模型底水驱油水界面特征研究［J］.石油科学通报，2018，3（04）：422-433.

［44］李阳．塔河油田碳酸盐岩缝洞型油藏开发理论及方法［J］.石油学报，2013，34（1）：115-121.

［45］Warren J E, Root P J. The Behavior of Naturally Fractured Reservoirs［J］. Society of Petroleum Engineers Journal, 1963, 3(3): 245-255.

［46］罗娟，王雷，荣元帅．塔河缝洞型碳酸盐岩油藏注水压锥研究［J］.石油地质与工程，2008，22（02）：69-71.